U0359031

西方建筑史丛书

哥特式建筑

[意]弗朗西斯卡·普利纳 著 冀媛 译

北京出版集团公司
北京美术摄影出版社

Original Title Storia dell'architettura Gotica
Text by Francesca Prina

图书在版编目（CIP）数据

哥特式建筑 /（意）弗朗西斯卡·普利纳著 ；冀媛译. — 北京 ：北京美术摄影出版社，2019.2
（西方建筑史丛书）
ISBN 978-7-5592-0064-8

Ⅰ. ①哥… Ⅱ. ①弗… ②冀… Ⅲ. ①哥特式建筑—建筑艺术 Ⅳ. ①TU-098.2

中国版本图书馆CIP数据核字(2017)第324624号

北京市版权局著作权合同登记号：01-2015-4553

责任编辑：耿苏萌
责任印制：彭军芳

西方建筑史丛书
哥特式建筑
GETESHI JIANZHU
[意] 弗朗西斯卡·普利纳 著
冀媛 译

出 版 北京出版集团公司
北京美术摄影出版社
地 址 北京北三环中路6号
邮 编 100120
网 址 www.bph.com.cn
总发行 北京出版集团公司
发 行 京版北美（北京）文化艺术传媒有限公司
经 销 新华书店
印 刷 鸿博昊天科技有限公司
版印次 2019年2月第1版第1次印刷
开 本 787毫米 × 1092毫米 1/16
印 张 9
字 数 180千字
书 号 ISBN 978-7-5592-0064-8
定 价 99.00元
如有印装质量问题，由本社负责调换
质量监督电话 010-58572393

目录

引言

12世纪中叶前夕，法兰西岛上的罗曼式艺术发生了一些根本性变化，从而诞生了一种新的风格——哥特艺术。这种艺术形式注定将席卷欧洲大陆，雄踞至15世纪中叶。随着经济和民主生活的发展，从12世纪到15世纪，西欧的城市发展揭开了不同寻常的一页。就像罗马式艺术是在野蛮入侵时代结束和伊斯兰强压减弱后的重整与扩张时期开始扩散一样，哥特艺术也是在一个政治稳定的背景下发展起来的。这个时期发生了一系列标志性事件，例如大型民族国家的建立（路易六世的法国，霍亨施陶芬王朝的重组，基督教王国向伊比利亚半岛的扩张）以及意大利诸多共和国的崛起，市民社会的诞生，荷兰商业城市的兴起等。

于是整个西方基督教世界开始使用同一种艺术语言，伴随着威尼斯的贸易和斯拉夫一拜占庭地区的北欧军事活动等，这种艺术语言甚至扩展到更为广泛的区域。在1140年巴黎圣丹尼斯大教堂的重建中，这种语言得到了淋漓尽致的展现。欧洲从此成了一个哥特的世界。从法国的各大教堂开始传递出一种新的艺术感，这种艺术感源自对圣母崇拜的哲学和宗教的思考，以及对经院哲学的思辨研究。由此衍生出新的建筑原则，灵感来源于高耸的中殿以及由此演化出的一系列形式的艺术。

宗教建筑的起源与发展

由于大多数哥特式建筑都是出于宗教的目的而修建，这一时期的建筑与它们的宗教功能密不可分。中世纪神学、礼仪学、教育学、神话学的文字常常传达出这样一种概念，即宗教建筑是上帝的栖身之所，是其非物质实体的象征，是天堂和天上耶路撒冷的世间投影。哥特式教堂在基础形式上清晰地表现为广阔而高大的空间与梦幻般镂空的墙壁，以及由此带来的充分采光。

闪闪发光的彩色玻璃窗就像天上耶路撒冷城墙上的宝石，尖塔呼应着

4页图

巴黎圣母院，1163—1330年，巴黎，法国

作为第一座具有雄伟规模的大教堂，巴黎圣母院映射了天地交融与神性的伟大。巴黎圣母院与卡佩王朝之间极其特殊的联系体现在主立面三个拱门上方一系列法国国王的雕像上，也被称为众王之廊。在大革命中这些雕像受到严重损坏，原品如今被保存在国立中世纪博物馆中。

圣约翰的愿景，一组组雕塑、绘画和玻璃窗上的肖像都具有特殊的象征意义。法兰西岛上（主要指法国北部）精美的大教堂建筑群在结构上显得尤其相似；如果说巴黎圣母院是其中最负盛名的一座，从拉昂大教堂则开始了法国哥特的下一个阶段。此时正逢菲利普·奥古斯都的强盛统治时期（1179—1223年），建筑作品层出不穷，其中就包括所谓的“古典哥特”的系列杰作，如沙特尔大教堂、兰斯大教堂、亚眠大教堂、努瓦荣大教堂和苏瓦松大教堂。最初哥特教堂的修建受限于法国王室的领土，教堂的修建传播着王室的权力和威望，也伴随着王国的政治扩张而逐渐蔓延。哥特式建筑从无可争议的首都和文化中心——巴黎辐射开来，向南北进一步扩

6页图

西敏寺的教堂侧殿，1258/1269—1375年后，伦敦，英国

西敏寺是在亨利三世的授意下由其自掏腰包修建的。它在英国中世纪建筑史上是一个特例，作为“忏悔者”国王爱德华（1161年封圣）的陵墓，它的修建是为了强调英国君主制的地位。它有可能是英国诸多大教堂里最“法国”的一座，高度达到32米，所有的外立面都有豪华的装饰，如同一个巨型的圣物箱，开启了装饰哥特风格的先河。

左图

玛德莲教堂歌坛，可测年代为1185年，维泽莱，法国

玛德莲教堂歌坛代表了法兰西岛建筑风格在勃艮第地区的首次“入侵”。它的氛围明亮且轻盈，线条分明的立柱支撑着拱肋并围绕着教堂后殿的回廊，充分体现了这种建筑的现代性。另外，礼拜堂分隔墙上部的设计也是创新性的，赋予教堂充分的自然采光。

8页图

阿克斯格拉纳（亚琛）大教堂歌坛，约1355年，德国

越进入13、14世纪后期，哥特式建筑就越倾向于减少墙面面积，使得内外空间的连续性更加清晰可见。从阿克斯格拉纳大教堂歌坛能看出科隆大教堂和巴黎圣礼拜堂的影响，宽敞明亮的灵柩安放着查理大帝的遗体，除了支撑巨型玻璃窗的骨架，教堂墙壁的部分被尽可能地减少了。

左图

圣母教堂的交叉甬道，12世纪中叶，努瓦永，法国

早期法国哥特的线性美感在努瓦永达到巅峰。对垂直感的强调使得教堂达到四层高度，并采用了小型立柱支撑上部。对墙壁的拆分营造出轻盈通透的效果，通过玻璃窗透入的光线使得这种效果更为突出。

张：这种法国的建筑风格逐渐被其他欧洲国家所采用，成为一种普遍的建筑式样。

由于与法国的历史渊源，英国比其他欧洲国家率先接受了这种“法国式”建筑（12世纪下半叶）。又因为宗教仪式、礼拜习俗以及圣物的不同，哥特式建筑在这里发生了一些变化。经过历史上与法国持续多个世纪的冲突和战争，英国在10—11世纪形成了自己的盎格鲁—诺曼建筑风格，只从法国建筑风格里撷取了能够与自身建筑传统和谐共处的元素。英式哥特大致可分为三个阶段，这三个阶段与欧陆哥特早期、古典和晚期的划分并不一致：从1170年到1240年的早期英式哥特，从1240年到1330年前后的装饰式哥特以及从1330年到1530年前后的垂直式哥特。在西班牙，三座最大的教堂——布尔戈斯、托莱多和莱昂在13世纪20年代相继出现，这三座教堂与法国哥特式建筑极其相似，但同时具有自己的特色和细微的风格变化，这些变化在随后的世纪里达到成熟的巅峰。由于伊比利亚一直由不同的王国割据至 15 世纪，其哥特式建筑史也跟这些王国的不同历史条件息息相关。人们可以看到加泰罗尼亚在空间上的探寻以及更加不可思议的加泰罗尼亚—阿拉贡市民建筑的发展。直到 15 世纪晚期，随着卡斯蒂利亚和阿拉贡王国的统一，在欧洲晚期哥特、穆德哈尔式装饰以及文艺复兴元素的碰撞中诞生了新的西班牙宫廷建筑风格，这种风格不仅体现在一系列的教堂中（同时具备战略功能），也体现在医院和寄宿学校的建造中。

葡萄牙建筑较晚才完成从罗曼式建筑到哥特式建筑的质的飞跃。巴塔利亚修道院（1385 年）不仅是艾维兹王朝的象征性建筑，更因为其不断扩建而成为葡萄牙哥特式建筑的教科书、试验田及该国重要建筑的原型。紧随其后的曼努埃尔式建筑，尽管已经因为王国的扩张而表现出一些更加现代的元素，仍然可以在欧洲晚期哥特中找到它的形态基础。哥特式建筑在德国的推进相对滞后。除了斯特拉斯堡和科隆大教堂两个特例，德国只是零星地接受了法式哥特并将其进一步简化。神圣罗马帝国在政治上和文化上一直是一个异质的集合体，从波罗的海到西西里，在它扩张的过程中，哥特式建筑成为一个供参考的均质元素。从 14、15 世纪起，在帕尔勒家族的推动下，德国哥特开始向晚期哥特发展，装饰愈加繁复造作。意大利哥特教堂发展的时期和特点与德

下图

塞维利亚大教堂外部，1401—1519 年，西班牙

在带有法式和英式建筑元素的西班牙各大教堂中，塞维利亚大教堂占据了最为显著的位置。作为一座真正的政治和宗教性建筑，塞维利亚大教堂似乎旨在从体量和装饰的丰富性上超越以往所有的教堂；这是教堂的资助者为了体现自己的精英地位而特意为之。这座教堂也参考和挑战了其他国家的建筑文化，正如同时期在维斯康蒂和斯福扎家族统治下的米兰所兴建的大教堂一样。

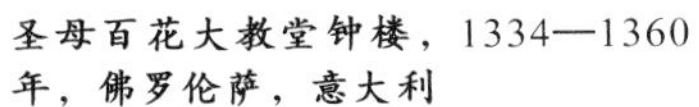

圣母百花大教堂钟楼，1334—1360年，佛罗伦萨，意大利

乔托最初为佛罗伦萨主教堂所设计的钟楼是一个有明显尖顶的修长的长方体，表面由白、绿、暗红三色大理石铺砌而成。在1337年乔托逝世后，出于对钟楼构造和功能性的考虑，安德烈·皮萨诺和弗朗切斯科·塔伦蒂将原设计进行了修改，在保留精髓的前提下将钟楼每一层带螺旋柱的双叶窗和三叶窗加倍，带来令人耳目一新的效果，可谓是柯斯马蒂马赛克元素和传统佛罗伦萨建筑古典魅力的巧妙结合。

左图

圣皮埃尔大教堂歌坛，1225年开工，1284年重建，博韦，法国

如果说哥特的“垂直主义”来源于建筑上创新的积累，对高度的无尽追求则是城市繁荣的结果。这座大教堂比以往所有的教堂都高：拉昂大教堂24米，巴黎圣母院32.5米，亚眠大教堂42米，博韦大教堂达到47.5米。1284年这里发生了哥特教堂历史上所遭受的最严重“事故”。于1225年开始修建、1272年完工的博韦大教堂歌坛，由于超常的高度和结构的脆弱在狂风中坍塌，之后又以新的设计图重建。这起灾难标志着一个时代的终结，即建造者和资助者无休止地追求高度上的超越。这也曾是哥特式建筑的一个主要特色。

国大不相同。基于强烈的罗曼传统和古典根基，当它们表现出早期哥特痕迹并与罗曼式结构逐步脱离时（13 世纪末期），其墙面仍始终保留着传统的承重特点。通过西多会建筑师的妙手，意大利哥特以缩小化和柔化的方式还原了法式哥特。宗教修会建筑在宗教建筑的全景中占据了不可忽略的一席，如果说本笃会是诺曼底和英格兰宗教建筑的基础，多明我会和方济各会以一种与众不同的方式将哥特语言运用在修道院中，西多会 13 世纪在欧洲的急剧扩张则成为哥特式建筑风格输出的有效手段。

民用建筑

欧洲的哥特式建筑数不胜数，杰出的代表也不止局限在宗教建筑范围内。统计数据显示，从 12 世纪中叶到 14 世纪初，欧洲人口有了大幅度的增长。民主的发展以及手工业和商业的发达使得城市变得愈加重要和宜居，城市中心的政治地位也变得越来越高。从皇家会议到主教会议再到行业会议，城市中心的行政功能和象征意义不断增强。因此，民用建筑逐步超越了单纯的功能性作用，开始采用一些贵族宫殿元素并从教堂建筑汲取

左图

阿诺尔夫·迪·坎比奥，旧宫，1299年前后，佛罗伦萨，意大利

旧宫将军事建筑和带内部庭院的宫殿结合起来，处于不对称位置的高塔承担了城市空间视觉枢轴的作用。

右图

市场（布料市场），13世纪末期到1486年，布鲁日，比利时

在佛莱芒城市中，市场的定义包括用来售卖商品和储存商品的空间，这里也是非常适合市民集会的场所。布料市场的高塔是城市建筑、领主建筑和宗教建筑的有机融合，其公共职能被进一步突出。

养分，达到与教会和贵族建筑相媲美的程度。精美的城市建筑的诞生是封建农业社会向资本主义社会转变的重要标志。从 13 世纪起，大规模的矩形城市建筑作为新兴统治阶级的标志替代了古老的房屋，改变了道路的分布，突出了社会等级划分并勾画出新的城市景象。如果说主教统治的城市中最重要的建筑仍然是教堂，在那些最具活力的城市的教堂旁则出现了市政厅。

新的权力为了在城市落脚，不仅需要修建新的标志性建筑，也需要能够行使公共管理职能的场所，市政厅因此成为城市最重要的建筑。它常常被建造在大教堂广场的另一面，在宗教建筑与世俗建筑的博弈中作为大教堂的对手出现。作为公民身份自我表达的标志性建筑，它既出现在北欧繁荣的商业城市，也出现在南欧荣耀的市镇，但类型、功能和空间布局并不相同。在佛兰德和布拉班特地区，贸易、手工业、银行业及文化艺术的对

15页图

博内救济医院，1443年，博内，法国

博内救济医院由大法官尼古拉·罗兰创建，最初的目的是为了缓解百年战争给人们带来的饥荒之苦。建筑的中心是一个被木廊围绕的庭院。

左图

佩德罗·萨尔沃，贝尔弗城堡，1309—1314年，马略卡岛帕尔马，西班牙

作为军事防御建筑和马略卡国王的夏宫，贝尔弗城堡由一个圆形的主体和两侧的塔楼组成。整个结构围绕着庭院，双层的凉廊给内部空间带来了良好的采光。

外交流日益频繁。从13世纪末期开始，市民生活蓬勃发展，由此推动了公共建筑的发展。在意大利，市政司法大楼开始出现在各个城市，当权者和资助人注重建筑的装饰和质量，并开始采用适合城市特点的建造工具。1250年后在意大利中部和北部出现了大量的公共建筑，标志着城市生活的繁荣。通过底层宽敞的柱廊、大尺寸的窗户和顶层带有外部台阶的凉廊，展示着开放的姿态。

这些建筑摒弃了军事防御性质（佛罗伦萨旧宫除外），同时，还包含着精确的政治信息，这些信息主要可以从建筑正面的装饰选择推断出来。如果说14世纪汉萨同盟城市如吕贝克和不来梅的市政厅流行用帝王的雕塑作为装饰，意大利的自由城邦则喜欢使用家族的纹章。商业建筑一样有着非常重要的地位，布拉班特和佛兰德的布料市场是民用建筑领域城市文化所能创造的最经典的范例。这些雄伟且造价昂贵的建筑说明了商业活动的重

上图

盖伊·达马丁，大厅内壁，1386年前后，正义宫，普瓦捷，法国

贝里公爵府的华丽墙壁构成了一道巧夺天工的背景。台阶之上是舞台前部，壁炉承担了舞台的角色，壁炉上方的长廊则是留给乐队的位置。

最上方镶嵌玻璃窗的墙壁为多层叠加，形式精美，体现了晚期哥特稀有而华丽的宫廷风格。

要性，尤其是对于以出口纺织品为财富基础的布拉班特和佛兰德这样的大型商业地区而言。在北方地区，这些商业建筑有时甚至比市政厅更为重要，成为管理机构的所在地并附带象征城市法律地位的塔楼。这些塔楼被领主塔楼借用，成为经济强大的独立城邦的标志性建筑。

随着政治和社会的剧烈动荡，在宫廷或封建贵族权力中心的授意下，一场激烈的运动在城堡和防御性住宅的建造中发酵。中世纪城堡的演变正是防御性建筑和居所之间的矛盾和融合尝试的典型表现。一方面，征服的欲望和权力的扩张推动着战争技术的不断更新和防御系统的演变升级；另一方面，声望和地位又促使王室和贵族需要在宫殿里过上一种与其身份相符的生活。城堡和王宫的军事建筑部分因此充满了骑士理想和贵族排场。14 世纪的城堡逐步褪去其战略防御的作用而给居住功能留出了更大的空间，成为展示奢华宫廷生活的舞台。

在中世纪早期，比公共民用建筑更为简朴的民宅有了清晰的形式划分。随着中世纪城市的发展（街道狭窄、纵横交错且没有提前规划），民宅也遵循着典型的中世纪特征，即狭长四边形和中心窄庭院。随后逐步发展为三层式建筑，底层临街方向方便进行贸易，后面厨房位置如有可能一定会设

下图

半木结构房屋，15世纪，科尔马，法国

中北欧的民宅使用半木骨架和各种材料以不同比例混合制成的木板建成。这种半木结构房屋能从正面清楚地辨认出其木制框架。在中世纪早期，得益于从地面到屋顶的垂直桩的使用，人们不再需要单独建造房屋的每一层。而短木桩的巧妙使用既达到了美学效果又增加了房屋的高度。

左图

伊索拉尼之家，13世纪，博洛尼亚，意大利

突出于木质结构的上层设计是中世纪建筑的显著特点之一，这种突出的设计既最大限度地使用了建筑空间，又能够使沿街而建的门廊连贯起来，下方则方便开设商铺。伊索拉尼之家仍然采用了古老的木质高梁，成为13世纪私人住宅的罕见范例。首层有朝街敞开的连续拱门，上层用于私人居住的地方则通过三扇双叶窗采光。

置一个小花园。

楼梯通向上层的家庭居住空间，以及阁楼上的谷仓、储藏室或柴房。考虑到内部采光和保暖的需要，住宅的空间不大。最初窗户不是用玻璃而是用蜡纸或羊皮纸糊上，因此采光不佳。铅绑辊玻璃窗因为造价昂贵非常少见，只出现在一些代表性的民宅中。商人阶层出于对舒适住所的要求开始纷纷建造他们的住宅，最初是木制的，后来因为频繁的火灾开始采用石头作为建筑材料，在石头缺乏的地区则使用砖。

建筑师和建筑工地

人们乐于谈论哥特式建筑用石材来表达中世纪神学和宇宙观，却常常无视一个事实，即建造这些杰作需要非常强的技术和统筹能力。正因为哥特式建筑常常被作为建筑杰作受到众人赞赏，建筑大师的名字和作品从12世纪开始就在文献里被不断提及。

建筑师是建筑工地上最重要的角色，负责设计、实际经济运行和工程指挥，与单纯执行建筑任务的工人有云泥之别。除了有意识地运用几何比例和建筑规则，他们的经验也在建造过程中逐步积累。由于出资者的野心和各建筑工地间的比拼，很多建筑师常常踏上旅途，去学习那些“最精美的范例”并运用到他们的建筑作品中。一件建筑作品的完成需要多个步骤，包括从构思到设计，从当权者的批准到项目的实施。为了组织施工队伍特地成立了一个名为欧普斯（或称工程组、工厂）的独立管理机构，负责管理财务、人员和合同。

大教堂和宫殿的建筑工地获得了非常重要的地位，它们不仅提供工作

左图

维拉德·德奥内科，拉昂大教堂塔楼设计图，1230—1240年前后，巴黎，法国国家图书馆

维拉德·德奥内科的名气来源于一本收录了哥特式建筑工地使用的相关建筑技术并配有文字解说的建筑笔记。这本笔记包括大约250张能够说明中世纪建筑师所具备的理论与实践知识的图纸，从木工作品到建筑机械，从雕塑样本到用矩尺和圆规做出的几何比例注释等。

机会，还建立起一张巨大的利益网，对生产和贸易起到了巨大的影响。从原材料（砖、石灰等）的生产到石材、木材的开采和切割，建筑工地在中世纪城市中具有显著的社会经济作用。

左图

建筑工地，《武功歌》第2554卷《吉拉德二世传奇》，第164页，15世纪下半叶，维也纳，奥地利国家图书馆

大型建筑的兴建需要不同工种的工人，打地基时需要招募数量众多的非技术工人，砌墙时主要雇用石匠和泥瓦匠。建筑工地体现了一个建筑工程的各个阶段，从水泥的生产到石块的堆砌与雕刻，不仅需要各个工种的配合，更离不开资金的顺畅和建筑师的现场指挥。

新风格的特点

哥特式建筑的特点在欧洲并不是全新的事物，而是一系列前人经验的总结和针对罗马式建筑某些遗留问题提出的解决方案。比如修建得极高的中殿以及采用垂直式的支撑结构，就是从奥托式和克吕尼式等之前建筑流派的伟大建筑中继承而来的。然而从罗曼式教堂到哥特式教堂的转变经历了一个漫长的静态建筑系统的演化过程，二者的美学和形态选择截然不同，具体表现在覆盖系统、支撑的衔接、拱点的方案以及平面图和立面图上。建筑内部力的平衡和疏导系统使得哥特式建筑与罗曼建筑的静态平衡相反，成为一个充满活力和弹性的体系。于是在新开工的建筑工地上，罗马式建筑带有少量小窗的厚重墙壁逐渐演变成一个完全不同的系统：装饰有彩色玻璃窗的轻薄的镂空墙壁。

从这个意义上说，从罗马式风格到哥特式风格的转变表现为用一种摆脱了所有不必要的墙壁的建筑体系替代了一种具有厚重墙壁的静态建筑体系：用哥特教堂独特的鼓舞人心的光亮替代了罗曼教堂半明半暗的光线。

23页图
坎特伯雷大教堂歌坛和后殿外部，
1174—1184年，英国

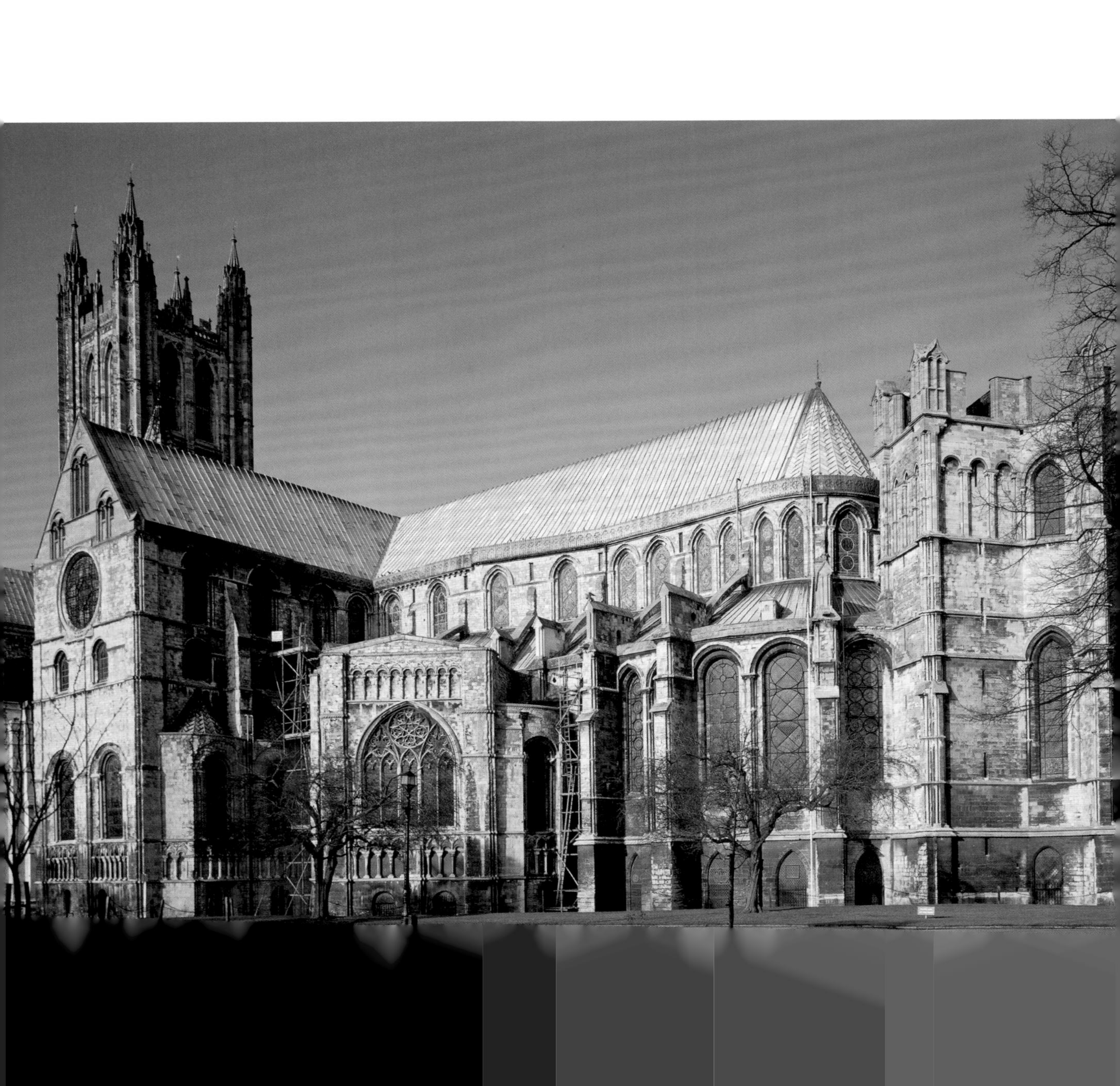

左图

圣福依罗曼式教堂歌坛外部，11世纪中叶，孔克，法国

圣福依教堂歌坛的外部因为围绕着回廊的礼拜堂和朝向塔楼的后殿在水平和垂直方向的叠加而著称。这种罗曼式教堂典型的叠加方式强调了不同空间的各自用途。哥特教堂的后殿用扶壁、尖顶和尖塔使内部结构面貌一新。它取消了所有对于建筑的稳定性没有实际作用的墙壁，通过垂直的推力表现出神圣感。玻璃窗的使用显得尤为重要：哥特式建筑不再使用小的单叶窗，而是使用带彩色玻璃的大窗。

大教堂

哥特大教堂在平面图上一般呈现出三殿或五殿式拉丁十字形，耳堂较为明显（与中殿垂直，构成十字形）。教堂沿东西轴向展开，圣坛朝太阳升起的方向设在东面，歌坛由于回廊和辐射式礼拜堂的出现显得更为壮观。在不同的地区，哥特大教堂的平面投影图可能差别巨大：巴黎地区的大教堂常常没有耳堂或耳堂不太明显（布尔日和巴黎），而努瓦永和苏瓦松的大教堂有着复杂的平面图和宏伟的横向结构。英国大教堂则呈现出拉长的矩形，耳堂突出（甚至像索尔兹伯里一样达到双倍），歌坛的平面图同样为矩形（除了西敏寺和坎特伯雷），歌坛后部礼拜堂尤为突出，被称为圣母堂。圣母堂是专为圣母崇拜而设的，在12世纪以后较为常见，有时被建造在歌坛的北侧，供司铎和修士们在此举行圣母弥撒。

哥特大教堂和谐的比例和良好的采光从两个维度展现出来：在垂直的维度上体现出朝向天堂的张力，这种垂直性在教堂的高塔上得到了最充分的表达；在平面维度上，从平面结构图可以看到不同元素以一种自由多变

上图

圣艾蒂安哥特式大教堂歌坛外部，1284年，博韦，法国

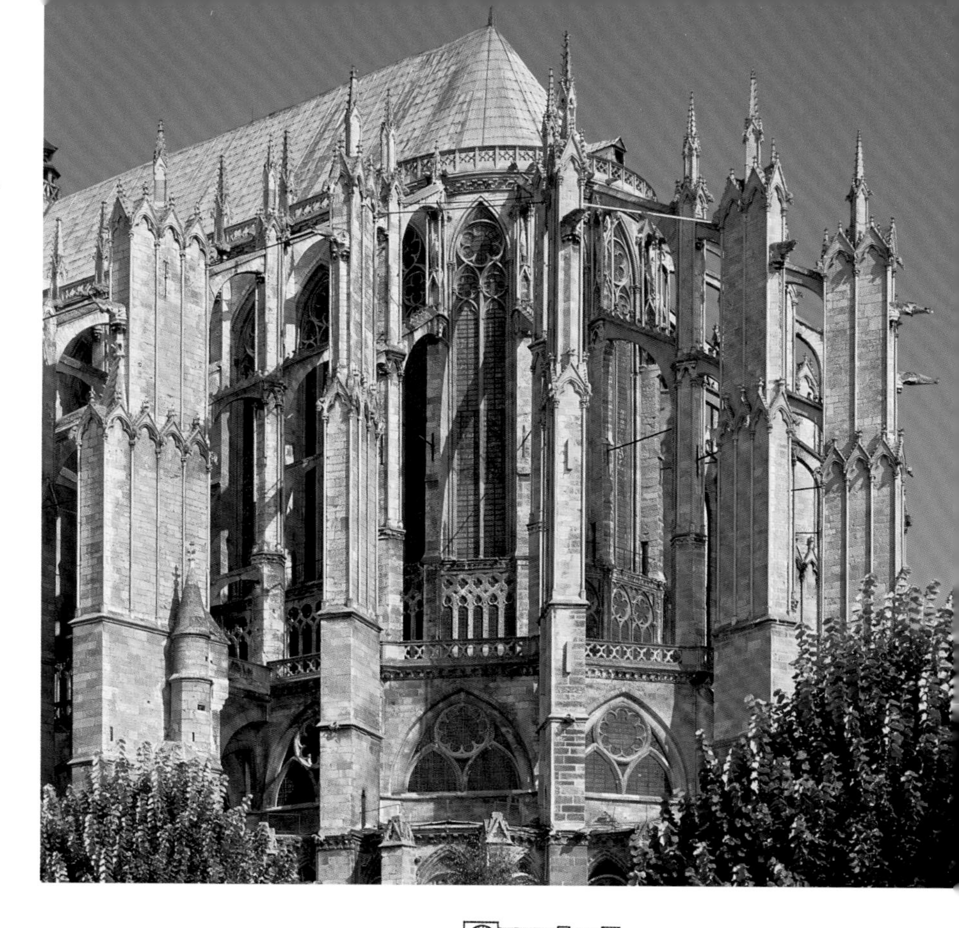

下图

罗曼式教堂和哥特式教堂平面对比图

罗曼式教堂的平面图呈简单的拉丁十字形，有宽敞突出的耳堂（1），三殿式（2），后殿外部有三个排成一列的礼拜堂（3）。不同支柱的交替使用使得中殿的跨度比侧殿翻倍。

哥特式教堂的平面图也常为拉丁十字形，耳堂不明显甚至没有耳堂（6）。一般为五殿式（7），由立柱支撑，后殿结构复杂（8）。歌坛被双重环廊（9）所围绕，在回廊周围扇形分布着许多辐射状的礼拜堂（10）。

从两张平面图的对比可以清楚发现罗曼式建筑从入口到祭坛的单向路线和哥特式建筑的多向路线。在哥特大教堂内人们有多种路线选择。

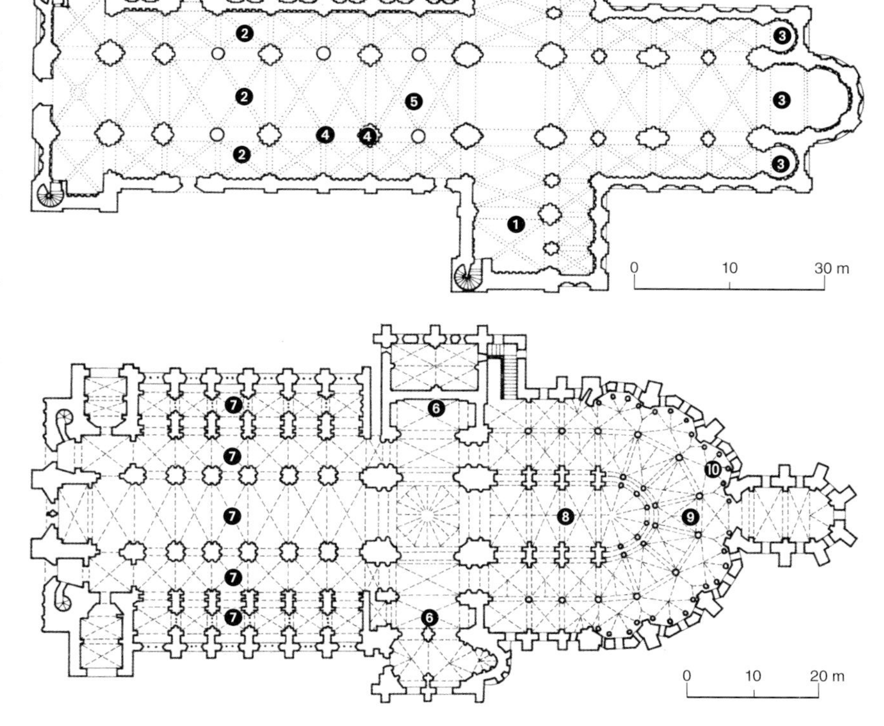

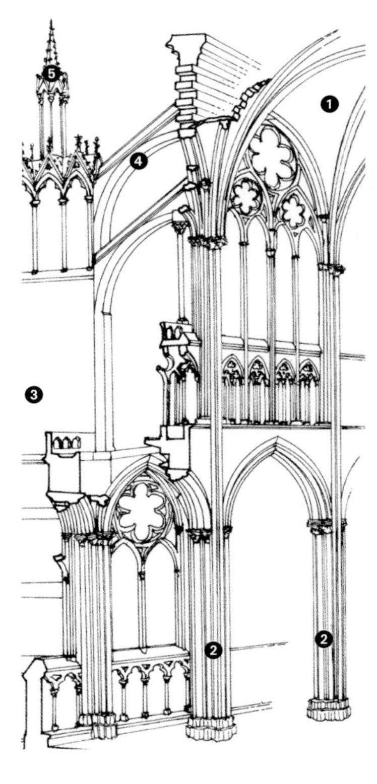

左图

圣德尼大教堂剖面图，法国

哥特式建筑的“建筑功能主义”首先表现在其交叉拱顶（1）和束柱（2）上：经过计算的反推力和垂直重力通过扶壁（3）、飞扶壁（4）和尖塔（5）将屋顶的重量分散。这是一个充满活力和弹性的系统，因为它能承受住地基下沉和气候条件引起的墙体变形。

右图

圣母大教堂飞扶壁，1194—1221年前后，沙特尔，法国

在哥特式建筑里，飞扶壁演变为飞架在侧殿屋顶上的结构。沙特尔教堂歌坛外部的飞扶壁呈双层结构，带有辐射状的立柱，与歌坛的规模相符合。

的方式连接在一起。哥特大教堂的独特之处是设计得非常高大的中殿，宽高比例从 1：2 到 1：3.5 不等。中殿的各部分空间富有节奏感，光线的运用从具体和抽象意义上突出了建筑背后的理念。

所有这些元素都有助于建筑从墙壁中解放出来（透明的系统）。各部分的独立性减弱以实现更大程度的空间融合及多重视角，带来膨胀效果。哥特式建筑的空间不是一个封闭和受限的空间，而是一个光的殿堂（与罗马式建筑大相径庭的“非自然”的采光和色彩）。尖顶、尖塔、山墙和飞扶壁极大地参与到了建筑的美学形态中，使得建筑的外部显得千变万化。哥特大教堂是城市文明的一种表达：用宏伟、美丽的大教堂来表现该时代的理想形象，成为修建更加宏大的教堂的根本动力。从 19 世纪开始，哥特式建筑按照某些建筑形态的使用而进行归类：尖拱和支撑拱顶的尖肋、束柱、玫瑰花窗和外部的飞扶壁。两个圆弧的交叉点在尖拱顶部相遇并不是哥特

左图

圣杰维圣波蝶大教堂南部耳堂，1180—1190年前后，苏瓦松，法国

哥特式建筑形式上最明显的特点之一，是内表面通过框架和柱形结构进行分层所带来的线性美：拱肋顺着墙体直达地面，将空间分割并制造出多重视觉效果。圣杰维圣波蝶大教堂南部耳堂的墙壁设置为双层式，两层墙壁间的窗户层设有回廊，透过外层墙壁能清楚地看到里层。这种双墙系统增强了墙壁的镂空感和内部采光效果。

建筑的独创性发明，而是通过西班牙和西西里的伊斯兰建筑从东方引入西方的。

与罗曼式建筑的圆拱相比，哥特式建筑的创新之处是有意识和大范围地使用这种尖拱。一种更有效的静态系统使得在同样的采光和承重情况下需要的横向支撑力更少，也使任何建筑方案都有实现十字拱的可能。哥特十字拱顶的锐化使得扶壁——加固结构并吸收推力的竖直建筑元素成为必要，扶壁上方常常用尖塔加长。扶壁起到的作用非常突出，有了扶壁，大面积的彩色玻璃窗得以替代外围失去了支撑功能的墙壁，透入的多彩光线改变了建筑的内部空间。与扶壁密切相关的是飞扶壁（四分之一圆弧形）的使用，用来中和建筑较高部分的侧推力。根据这些建筑元素的千变万化的组合形式能够分辨出哥特式建筑的地区和民族特色以及不同的进化阶段。

从静态具象理念上看，哥特式建筑用柱体代替墙壁，构建了所谓的骨架系统。系统内部作用力与反作用力的游戏使得建造者能够运用高超的技术实现一种轻薄而高耸的墙体结构。以此为基础，通过使用尖肋和束柱，哥特式建筑呈现出一种明显的垂直主义的支撑结构。

哥特系统能够识别出建筑结构中的作用力、位置、应力（拱顶的推力、屋顶和墙壁的重力）的方向和大小，由此确定一个静态骨架结构，保证建筑的稳定性和力沿着既定路线传导。因此哥特建筑的骨架轻巧而具有张力，力量通过相互牵制达到平衡。

下图

韦尔斯大教堂外立面，1230—1240年，英国

在英国所有的大教堂里，韦尔斯大教堂的外立面最具价值。高塔耸立在两侧，突出的直立扶壁连接和支撑着建筑。众多的盲拱沿外立面整齐排列，里面陈列着颇具历史的雕塑。在入口背后的走廊里设有歌手和音乐家的位置。建筑以鲜活且宏伟的方式再现了天上耶路撒冷。

外立面

哥特大教堂的外部通过塔楼、尖顶和尖塔等元素的使用呈现出与内部相同的垂直性特点。法国北部哥特的双塔式（和谐式）外立面是中世纪建筑的代表；侧扶壁的使用使得建筑的幅度更宽，与外立面中部主体一致的分层结构使得法国北部的哥特式建筑呈现出越来越相似的外观，都具有玫

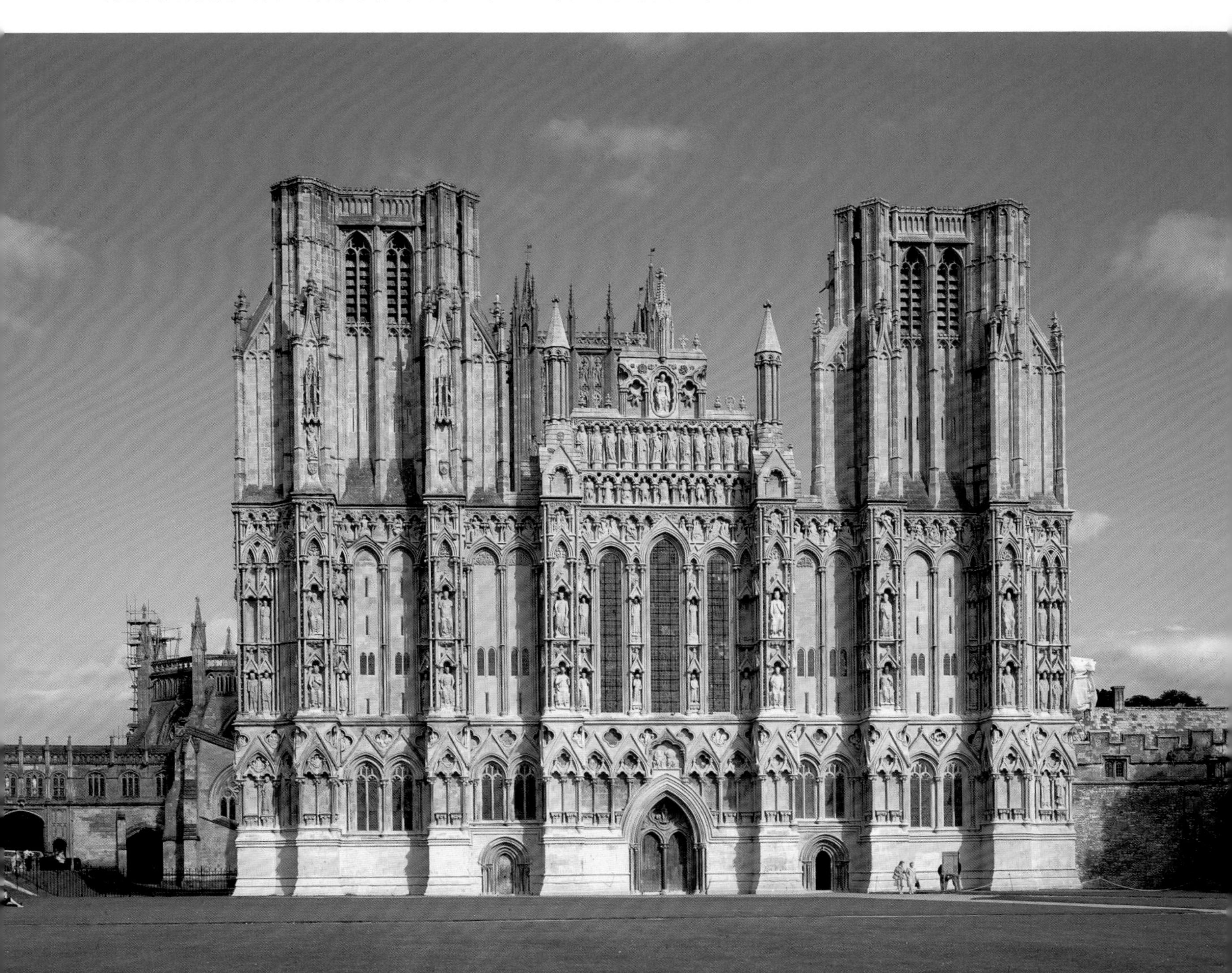

左图

罗伯特·德吕萨施，圣母大教堂正立面，1220年起，亚眠，法国

亚眠大教堂外立面的双塔具有“和谐式外立面”的典型特点，最早可以在盎格鲁—诺曼时期的罗曼风格中见到。它采用了三段式形式，中间有象征着太阳（耶稣）和玫瑰（圣母马利亚）的大型玫瑰花窗，能够保证教堂内部直到黄昏都有良好的透光。与建筑对极致轻盈的追求相吻合，建筑师在很大程度上减少了墙体的厚度，用巨大且突出的扶壁加固了尖塔，侧门的斜面沿扶壁展开。

瑰花窗（带彩色玻璃的圆形大窗，内部采光的来源和装饰性元素大展身手之处）和与中殿结构相似的外部拱门。

横跨英吉利海峡的哥特式建筑则采用了一种屏风式外立面，像一扇屏风将教堂的纵向主体隐藏起来。在彼得伯勒（1201年起）、韦尔斯和索尔兹伯里（1220—1266年），大教堂开始明显拒绝来源于法国的双塔式外立面而倾向于宽广的水平维度。

塔楼被修建在两侧或者后部，正门的作用减弱甚至消失，教堂的主要入口被移至北侧。

通过放置雕塑的小型拱的叠加使用，外立面和内部一样具有明暗效果。我们不能忘记大教堂和城市空间有着一种充满活力的关系；起初哥特式建筑并不朝向大广场而是用短而窄的小路作为入口，遮挡的视线增强了教堂的突然出现给人带来的震撼，塔、钟楼和尖顶的轮廓直指天空，打破了中世纪低矮房屋的水平视图。

建筑和装饰

与罗曼时代相比，哥特时代雕塑与建筑的有机结合更加紧密；建筑上随处可见雕刻的装饰：雕刻与建筑形式相符，数量丰富，到晚期哥特时几乎覆盖了整个建筑。表现象征和寓言的雕像主要集中在象征着天堂之门的正门上，正门上常见雕有耶稣及相关宗教图案的弧面窗或门像柱（为了缓解门楣的重力将入口分隔的柱子）。装饰大教堂的造型艺术数不胜数：追求形态的和谐、在现实与感性之间寻求平衡的传统雕塑很快被逐步增长的自然主义所代替，追求形态上的优雅和表现力。在 13 世纪上半叶，法国伟大的哥特雕塑传播到德语地区（班贝格、瑙姆堡和马格德堡）的大教堂，形态上更加雄伟。

如同意大利建筑一样，意大利建筑雕刻艺术的时期和形式也与其他国家不同。当然，在贝尼迪托·安蒂拉米的作品中并不缺乏法兰西岛雕塑的

左图

巴黎圣母院的怪兽，12—13世纪，巴黎，法国

巴黎圣母院从屋檐突出的排水口被雕刻成怪兽形状，这也是哥特式建筑的典型式样。怪兽的面部特征来源于中世纪的寓言和神话。

右图

瑙姆堡大师，埃克哈德和乌塔，瑙姆堡大教堂雕塑，1249年，德国

宗教建筑并不一定缺乏骑士精神，政治因素也有可能渗入装饰的设计中，特别是在皇室或贵族资助的情况下。真人大小的雕像表现了前瑙姆堡大教堂（11 世纪）的资助者，充分体现了他们的贵族姿态。具有时代感的装束使得雕像充满了生活气息：侯爵埃克哈德将手握在剑柄上彰显他的权力，他的妻子乌塔则显得高贵而内敛。

影响。哥特精神的经典魅力在尼古拉和乔万尼·比萨诺的作品中有明显的表现，而阿诺尔夫·迪·坎比奥则选择了另外一条古典主义的道路。

彩色玻璃窗

彩色玻璃窗是哥特式建筑最重要的元素之一：闪闪发光的辐射状造型，随着光线的强弱产生变换的效果，需要专业的技术和长时间复杂的工序才能制成。彩色玻璃窗的制作工艺包括玻璃的制造、片材的吹制、按照预先设计的模式进行切割、在画板上绘制草图、用铅条勾画轮廓、上色并嵌入

左图

众王之门，圣母大教堂，1145—1155**年前后，沙特尔，法国**

沙特尔大教堂西立面的三扇门是哥特式建筑雕塑的早期杰作。在这里，神圣的雕像与立柱合为一体——雕像柱，即雕像和立柱在一块石材上雕成。

这个最早属于罗马朝圣教堂中的元素首先在圣德尼大教堂的正门（如今已经消失）上完整出现，随后在12世纪成为哥特式建筑的固定形式。

沙特尔大教堂西立面的三扇门通过同样高度的下楣和柱顶的连续隆起相连接，上面雕刻着耶稣的生平事迹。

32—33页图

大教堂，1220—1266**年，索尔兹伯里，英国**

金属框架。彩绘玻璃窗的题材囊括了圣母、耶稣、门徒、先知的形象，相关的《圣经》故事和圣人生平，同时也呈现了一幅庞大的世俗画卷，从统治者到社会各阶层，包括最卑微的阶层和手工劳作的场面。到12、13世纪，彩绘玻璃窗上主题的分布有了固定的模式：需要认真阅读的关于新旧约全书的叙述和圣徒传记的故事场景往往被安排在玻璃窗的最下层，标志性的形象则放置在更上层。在哥特教堂的神学理念中，教堂是连接人间和天上耶路撒冷的通道，是光明的建筑和神秘的空间，因此哥特教堂的彩色玻璃窗被看作“彩色的墙壁”“神秘的珠宝墙”。不仅如此，有评论家在研究了彩色玻璃窗上绘制的宏大题材后认为，彩绘玻璃窗展示的是人类到达天堂的必由之路。

34页图

皮埃尔·德·蒙特勒伊，圣礼拜堂，1241/1242—1248年，巴黎，法国

圣礼拜堂在最大程度上实现了哥特式建筑“骨架结构”的技术可能性：在尖拱之下，纤细的束柱之间，墙壁不复存在，而是被几乎连续的玻璃窗所取代。丰富的装饰、色彩的运用和巨大的镂空玻璃窗带来的流光溢彩使得建筑显得异常精美。石质的圣物箱用来盛装荆棘冠和路易九世带到法国的耶稣受难圣物。圣礼拜堂在玻璃窗的装饰上突出了其神圣和王室功能：彩色玻璃窗上描绘着《圣经》故事场景，上楣则装饰着法国王室的百合纹章。

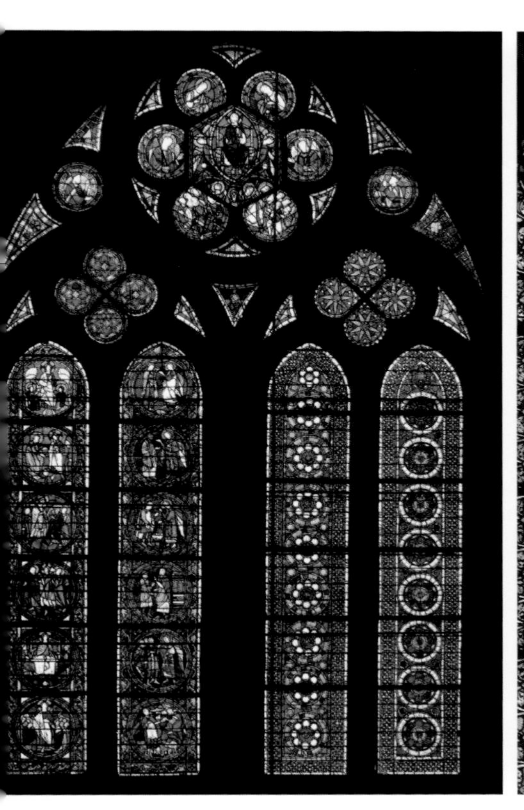

左图

圣方济各大教堂玻璃窗，13世纪中叶，阿西西，佩鲁贾，意大利

右图

圣斯蒂芬故事之窗，1210—1215年，布尔日大教堂的回廊北侧，法国

当地崇拜的圣人的生平事迹以充满奇迹和幻想的方式被记录在文字中，又在神学家的指导下被玻璃匠转化为图像，使不识字的信徒得以了解和想象圣迹。

哥特的起源：法兰西岛

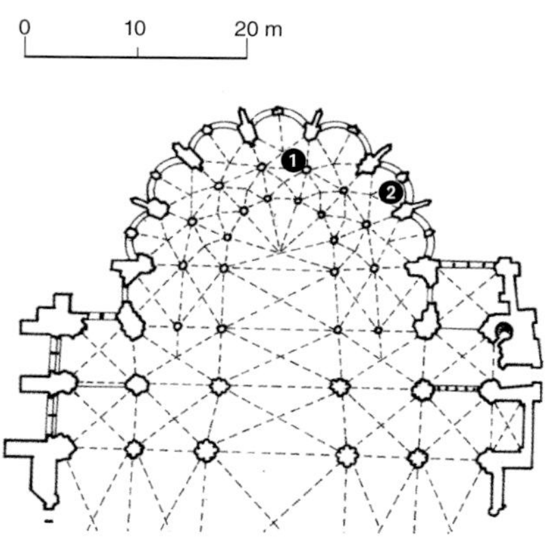

左二图

圣德尼修道院带回廊的歌坛及平面图，1144年，法国

在1140到1144年间，修道院院长苏杰推动了圣德尼修道院的重建，这里盛放了圣丹尼斯的遗骨和历代法国君王的遗体。扩建工程是革命性的：围绕着歌坛的双重回廊（1），带有十字拱顶的辐射状礼拜堂（2）。它是首个将重力和推力分散在相对纤弱的支撑上的建筑结构，创新之处在于尽量减少墙体而完全使用玻璃窗来替代它。

1140年前后巴黎附近的圣德尼修道院的重建被史书记载为哥特式建筑系统的起源，这里后来成为卡佩王朝的墓葬礼拜堂。新的歌坛于1144年投入使用，为了朝圣者流动得更加顺畅而率先采用了一种新的建筑空间，并通过有意识地对光线的运用而实现了膨胀感和垂直张力。1140—1190年的皇室建筑在建筑方案上为之后的哥特式建筑做好了铺垫，将重点放在教堂的内部连接、物理形式的最大减少、空间的通透和明亮上——50年的经验带来了完全不一样的建筑作品。共同之处在于将建筑不断拔高的意愿，对于那些最重要的作品（努瓦永、拉昂和巴黎圣母院）而言，建筑师在高度上采用了四层设计，而中殿、横厅和歌坛之间的延续性使得教堂的内部极尽优雅。

在1175年至1190年之间，拉昂和巴黎的建筑工地进行了一些新的技术和形式上的尝试并不断改进：巴黎圣母院用在屋顶上建造飞扶壁的方式平衡中殿拱顶的推力，拉昂大教堂采取逐渐减少外部墙壁的方式制造出双重墙壁的效果；沙特尔大教堂扶壁与飞扶壁强大的立体造型正是从以上教堂的经验积累中产生的。

37页图

圣母教堂外立面，1190年前后，拉昂，法国

拉昂大教堂的“和谐式外立面”分为三层，正门区域通过加深的拱廊被前置，塔楼的位置则后移，由此获得一种新的空间感，大规模的入口设计和位于中心位置的巨大玫瑰花窗加强了这种空间感。拉昂大教堂在哥特式建筑中占据了特殊的一席，因为在这里，双塔式的外立面第一次实现了内部连通，而不是各自独立。

西多会建筑

上图

西多会圣母修道院，12世纪后30年，蓬蒂尼，法国

在曾构成西多会基石的五大主要修道院（另外四座是西多、克莱沃、毛立蒙和拉费尔代）中，蓬蒂尼的西多会圣母修道院是唯一一座经历了法国大革命的破坏而被保存下来的。12世纪下半叶，这里可以说是一个建筑试验工地，在教堂建成后，几年前刚完工的东面歌坛立刻被拆除，取代它的是一个新的结构，供修士们（数量不断增多）日常弥撒所用。新歌坛建成的具体时间无法确定，但从建筑风格上推断大概为12世纪末期；飞扶壁的精美连接使得修道院显示出对于修会教堂而言不同寻常的华丽，而过度的奢华是被教义明令禁止的。

在通过一项返璞归真的修道院法规之后，圣伯尔纳多成为一种严谨、清晰的建筑的推动者。在它的兴起之初，这种建筑方案就被一种宗教精神所主导，与包括克吕尼和圣德尼在内的过分重视体量和装饰的建筑截然不同；主要的经济方式决定了建筑的走向——简单的宏伟和功能性。西多会较早地采用了十字尖拱：这种方式与后来哥特教堂典型的清晰严格的空间划分并不相同，因此12世纪的西多会建筑也被称为“朴素版哥特”，技术手段更加简洁，空间划分上采用了非修道院建筑的装饰形式。在蓬蒂尼教堂新的后殿建成后（1185年），西多会的建筑师们才开始舍弃最初的简朴风格，向后来大教堂的奢华风格靠近。虽然西多会建筑与哥特式建筑的形式和类型不同，没有复杂的类别、十字形塔楼、和谐式外立面和被教规禁止的钟楼，但可以说西多会建筑从此开始归入到哥特式建筑之中。西多会的扩张如星火燎原：12世纪中叶之后，西多会“朴素版哥特”被传播到极其遥远甚至完全没有哥特倾向的区域，如南法、西班牙、意大利、英国、日耳曼帝国，甚至更远的波兰和匈牙利。

右图

里沃兹西多会修道院，1132年建成，英国

西多会成员在较早的时期（12世纪30年代）就登陆了英国，在此建立了大量的修道院教堂，如今这些教堂已经几乎全部沦为废墟。里沃兹修道院教堂横向分为三层，墙壁连接巧妙，有成型的尖拱和一组组束柱，这些建筑特征揭示了其法国起源。

左图

波夫莱特修道院圣洗池，1151年，西班牙

在12世纪下半叶的西班牙有大量的西多会建筑，阿尔卑斯山另一侧的哥特式建筑的早期元素，如尖拱等，通过西多会被传播到这个国家。然而，正如波夫莱特修道院的圣洗池，尽管使用了尖拱和肋架，整体仍然保留了传统形式，建筑的厚重感仍然没有脱离之前的罗曼风格。

早期英国：早期英式哥特

12 世纪末期英国的一些建筑在学习法国模式时发挥了自己的独创性，在使用三层结构时，叠加在中殿之上的部分与下方没有任何垂直连接，表现出早期英式哥特的水平扩展的趋势。1204 年大陆领地失守后，英国的建造者们更加注重脱离法国模式；在他们最早的探索中，哥特式建筑严格的逻辑结构被特殊的装饰效果和珍贵的材料所掩盖。不仅如此，英国的教堂并没有采用布尔日式的以透视效果为特色的空间概念，仍然保留了盎格鲁—诺曼建筑的“厚墙”技术。由于拱门、楼座和通廊的水平发展，英国的大教堂在面积上不断延伸，但柱体向上的垂直性却消失了。有些“外围”部分仍践行了原来的方式，如空间的膨胀感、花窗的镂空装饰等。与此同时，屏风式外立面开始出现，这种外立面明显否定了原有的法式双塔外立面而倾向于水平扩张。

41页图

林肯大教堂的平面图和截面图，英国

1185 年的一场毁灭性地震后，只余下外立面的林肯大教堂得到重建。其平面图呈拉丁十字形，三殿式，双耳堂（1），矩形带回廊的歌坛（2），三层高度：连绵的拱门（3），通廊（4）达到真正走廊的比例，天窗（5）下可见内部拱顶。林肯大教堂采用了英式哥特式建筑典型的装饰主义风格，圣乌戈歌坛的拱顶为不对称设计，附加的肋架使其显得异常复杂——所谓的“疯拱”。这种设计具备了晚期哥特的某些特点，通过连续的厚墙得以实现，其装饰性作用远远大于结构性作用。

左图

圣乌戈歌坛细节，林肯大教堂，1192—1205年，英国

人们可以在林肯大教堂最初建筑阶段中发现一些怪异之处：在圣乌戈歌坛侧殿的下方区域和东边的耳堂重叠建造了双层假拱，后方更低的那层制造出纵深感，双层墙壁的设计和丰富的装饰造型参考了典型的英式风格。

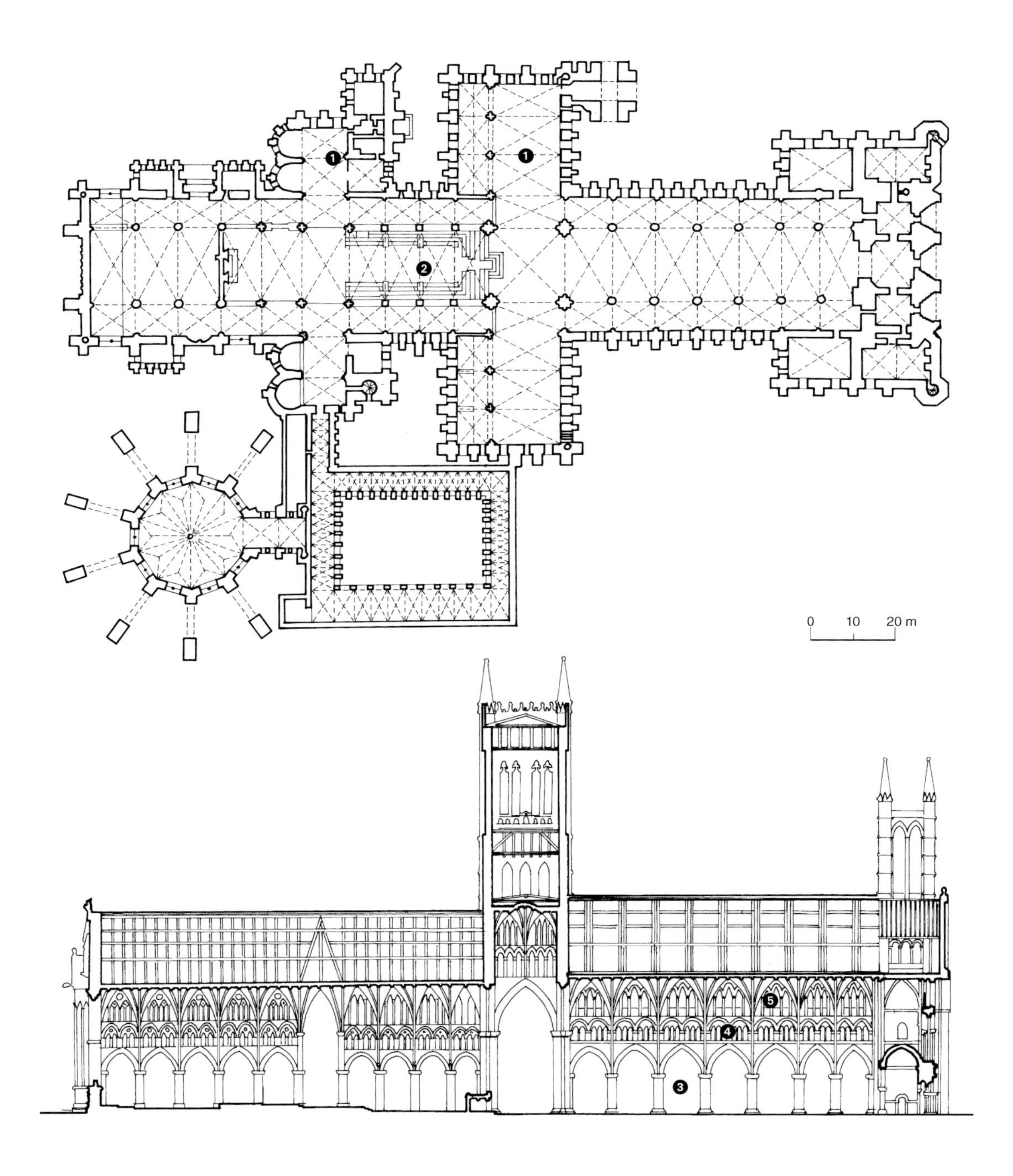
1
1
2
0 10 20 m
5
4
3

杰出作品

坎特伯雷大教堂

1174 年的一场大火几乎彻底摧毁了坎特伯雷大教堂的东部结构；不久之后，英国和法国的建筑师被召唤至此，就重建被损毁的部分提出自己的建议。考虑到 1170 年大主教托马斯·贝克特殉难和封圣后日益增长的朝圣者对歌坛规模的需要，法国建筑师古列尔莫·迪桑斯建议以一种创新的方式重建歌坛。同时期的杰尔瓦索教士事件不仅印证了法兰西岛建筑师的名气，证实了他们在法国本土外的活动，也表明英国较早地接受了建筑语言上的变革。在英国的大教堂中，坎特伯雷大教堂表现出了和大陆建筑最大的相似性，但同时也有诸多创新。古列尔莫独创性地在通廊和天窗部分采用了“厚墙”，用珀贝克深色大理石柱与整体结构浅色石灰石的鲜明对比强调了线条感。教堂的装饰效果与法国经验截然不同，成为英式哥特固有的特征。

下图

坎特伯雷大教堂平面图，英国

坎特伯雷大教堂的平面图与其他教堂比明显拉长，带有两个耳堂（3）：三位一体礼拜堂（1）朝向祭坛，尾部的轴向礼拜堂被称为“贝克特之冠”（2）。两个礼拜堂都被用来祭奠圣人贝克特：三位一体礼拜堂盛放其棺木，贝克特之冠则收藏了包括头颅在内的圣骨。

43页图

坎特伯雷大教堂歌坛，英国

作为早期英式风格的开篇之作，坎特伯雷大教堂歌坛（最初由英国人古列尔莫所建，后被 1178 年回国的法国建筑师所取代）采用了圣德尼大教堂的一些元素，并使用了对于英国建筑非常特殊的回廊，蜿蜒的墙壁更是中世纪建筑中所独有的。坎特伯雷大教堂的歌坛在非常特殊的时期建成（对殉难大主教托马斯·贝克特的崇拜和随之而来的大量朝圣者），对早期英式哥特教堂歌坛的形式产生了巨大的影响，其他教堂的歌坛也纷纷效仿它的形式存放其圣人的遗骨。

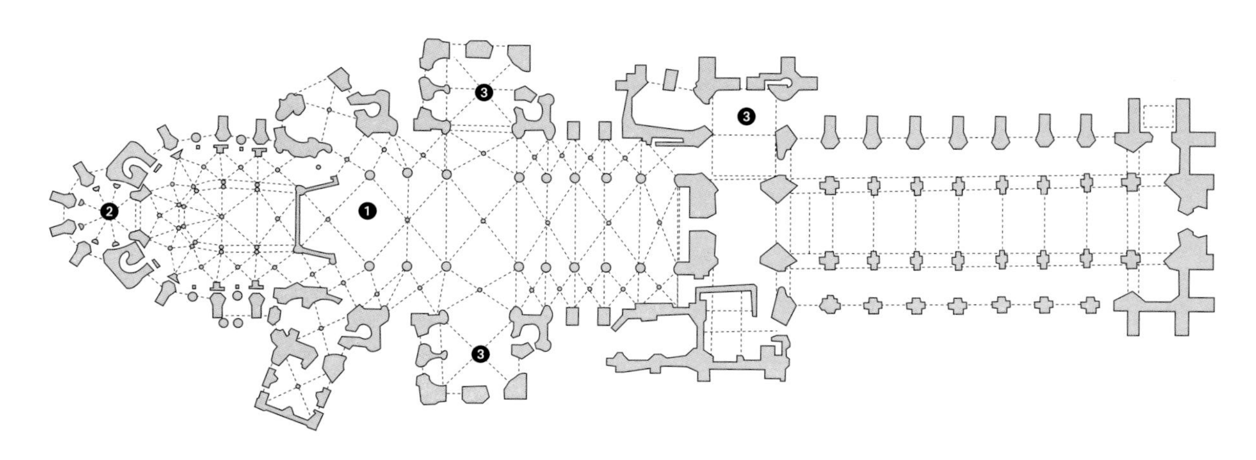

古典哥特

从早期哥特教堂到晚期哥特教堂的建筑演变伴随着对光线的不懈追求，通过使用大型彩色玻璃窗而实现的墙壁通透性不断增强；协助实现这种通透性的飞扶壁在复杂而精美的建筑工程中迅速推广开来。与之对应，带有尖顶的坚实的扶壁从根本上改变了建筑的外貌，使之呈现出千姿百态。同样意义重大的还有飞扶壁的使用带来的内部空间的改变，使建筑达到了技术可能范围内的最大高度；高大的三层式内殿取消了楼座，在空间划分上达到了成熟的巅峰。在布尔日和沙特尔两大建筑工地，创新的潜力推动着人们追求局部和整体间的平衡与和谐，建造出壮观的作品；建筑灵感也与当时浸染了新柏拉图主义和奥古斯丁主义的文化密不可分。从上述趋势可以归纳出“古典哥特”的定义，主要是指沙特尔、布尔日、兰斯、亚眠大教堂以及 13 世纪前 30 年的总体建筑实践。这些宏大的教堂是在腓力二世奥古斯都统治下的卡佩王朝权力的表达，而哥特式建筑形式在欧洲的传播与法国在 13 世纪日益增强的政治文化影响息息相关。

45页图
雅各宾教堂歌坛，1233年起，图卢兹，法国

与此同时，城市的发展代表了从保守主义和与世隔绝的乡村主义到流动性强的现代文化的转变。最初的城市还带有中世纪聚居点的印记，但与那些简朴的聚居点相比，城市拥有市场和行政自治权，并建立了独立的司法管辖区。由于当时恶劣的安全状况，即使是最袖珍的城市也设立了防御工事，最初是碉堡和护城河，后来发展为带塔楼的城墙。城墙只有几个城门，夜晚关闭，白天严密看守。不仅如此，设防的城市也具备保卫王国领土的功能。在法国，在路易七世和路易九世的统治下，最早的设防城市被有计划地建立，用于支持他们的对外扩张政策；在南法，所谓的“避难小镇”逐步扩散开来，其城市结构由地形条件和政治需要所决定。由此诞生了山上堡垒城市，一般从山顶控制着周围的地区，如卡尔卡松；或水边堡垒城市，被河流或沼泽包围，如卡马尔格地区的艾格莫尔特；或海边堡垒城市，如布列塔尼的圣马洛或威尔士的卡那封。

下图

圣马洛，12—18世纪，法国

12世纪建立在岩石小岛上的圣马洛历史中心完全被城墙围绕，这里曾是独立的海滨城市和被王室收买的海盗的大本营。其城墙的修建最早可追溯到12世纪并一直延续到18世纪；15世纪时修建了保卫港口的大门。

47页图

圣艾蒂安大教堂后殿外观，1195—1214年，布尔日，法国

在布尔日的建筑工地上，通过高耸的扶壁和飞扶壁的使用，建筑师对哥特式建筑进行了创造性的变革和试验，教堂的宏伟外观正是这种试验的成果。

城市修道院

从新的中世纪城市文明的意义上说，跟那些与教皇和帝国联系紧密的富裕修会相反，清修的宗教修会（奥古斯丁派、多明我派和方济各派）为改革而呐喊，反对城市中兴起的骄奢淫逸的生活方式。城市修道院往往诞生在新资产阶级财富集中的地方，融入城市结构中，平面图为“L”形，教堂和修道院朝向广场——集会和传教的场所。从13世纪的最后30年开始，城市修道院的兴起给当时的建筑形式带来了根本性的变化，建筑的体积日益扩大。

城市修道院在建筑类型上常常选择单殿式的教堂，建筑风格简朴肃穆，花费少，完工快，超大的容积使得大量的信徒能够聚集在一个统一的没有聆听障碍的空间，对贫穷的炫耀成为伟大的表现和标志。

在法国（特别是南法）和意大利有着数量众多的独特的宗教修会建筑；1215年，多明我会在图卢兹成立。在波河地区，西多会的传统带来了建筑的简约化。在亚平宁半岛的中部地区，新的教派如雨后春笋般成立和发展，这里的宗教建筑有着大型的窗户和简朴的墙壁，建筑整体虽朴实无华，却给人一种庞大、雄伟和庄严的感觉。

48页图

圣母大教堂内殿，1220年起，亚眠，法国

圣母大教堂是法国大教堂中最宏大的一座，其结构完全符合古典哥特的标准，形式上更加雄伟壮观：代表着朝巨型哥特主义迈出的重要一步。与沙特尔和布尔日一样，亚眠大教堂使用了圆柱周围紧贴四根直达拱顶的细柱的方式来加强垂直感。

辐射式哥特

兰斯和亚眠的建筑试验代表着一场革新（被称为辐射式）的开始，以

下图

圣艾蒂安大教堂后殿外观，1215年起，欧塞尔，法国

作为勃艮第哥特艺术的杰作和古典哥特的地区性代表作，欧塞尔的圣艾蒂安大教堂并没有颠覆巨型哥特主义，但降低了建筑的高度。其外部形态（外立面后的单塔，围绕着歌坛的造型简单的飞扶壁）与内部空间的简约相一致。

大型玫瑰花窗的辐射式设计而得名。辐射式哥特舍弃了外观上的宏伟，倾向于纯粹的平面和空间上的线条交织和非物质性的表达，但并没有根本上改变沙特尔式哥特教堂的平面和空间结构：垂直张力达到极限，每个部分变得更加纤细和具有线性感，外表脱去厚重，显得更加轻盈。圣德尼大教堂又一次站在了革新的前列：由一束密集细柱组成的一种新型立柱，将内殿的设计变成了一种线条游戏。建筑师将窗洞的图案设计得愈加精美，与光线相得益彰，在外形上放弃了巨型哥特主义而选择了大气而平衡的比例。卡佩王朝的荣光以及教堂资助者们向最大的基督教国家靠拢的意愿推动了辐射式哥特式建筑的快速传播。然而到 1340 年左右，由于反复出现的瘟疫和百年战争最黑暗时期带来的影响，这种传播被迫中断。瓦卢瓦家族的继位（1328 年）打破了王朝的连续性，王室逐步去神圣化，封建主义死灰复燃，宗教建筑的发展脚步放缓，军事建筑、王侯建筑和民用建筑日益发展。

上图

阿诺尔夫·迪·坎比奥，圣十字大教堂内部，1295年起，佛罗伦萨，意大利

通过高大的侧殿给统一的空间带来良好的采光，这种建筑形式首先在托斯卡纳得到发展，其中的代表作是佛罗伦萨的圣十字大教堂。阿诺尔福迪坎比奥对圣十字大教堂的设计符合了这个改革派修会的要求：简单朴素。教堂结构上的简洁表现在其“T”形平面图上，没有复杂的内殿设计。

51页图

雅各宾教堂，1233年起，图卢兹，法国

在南法的清修会教堂中，图卢兹的雅各宾教堂内部空间巨大，平面图呈矩形。坚实的圆柱形支柱、高大开阔的空间、围绕教堂四周的大型侧窗，营造出典型的南法建筑风格。

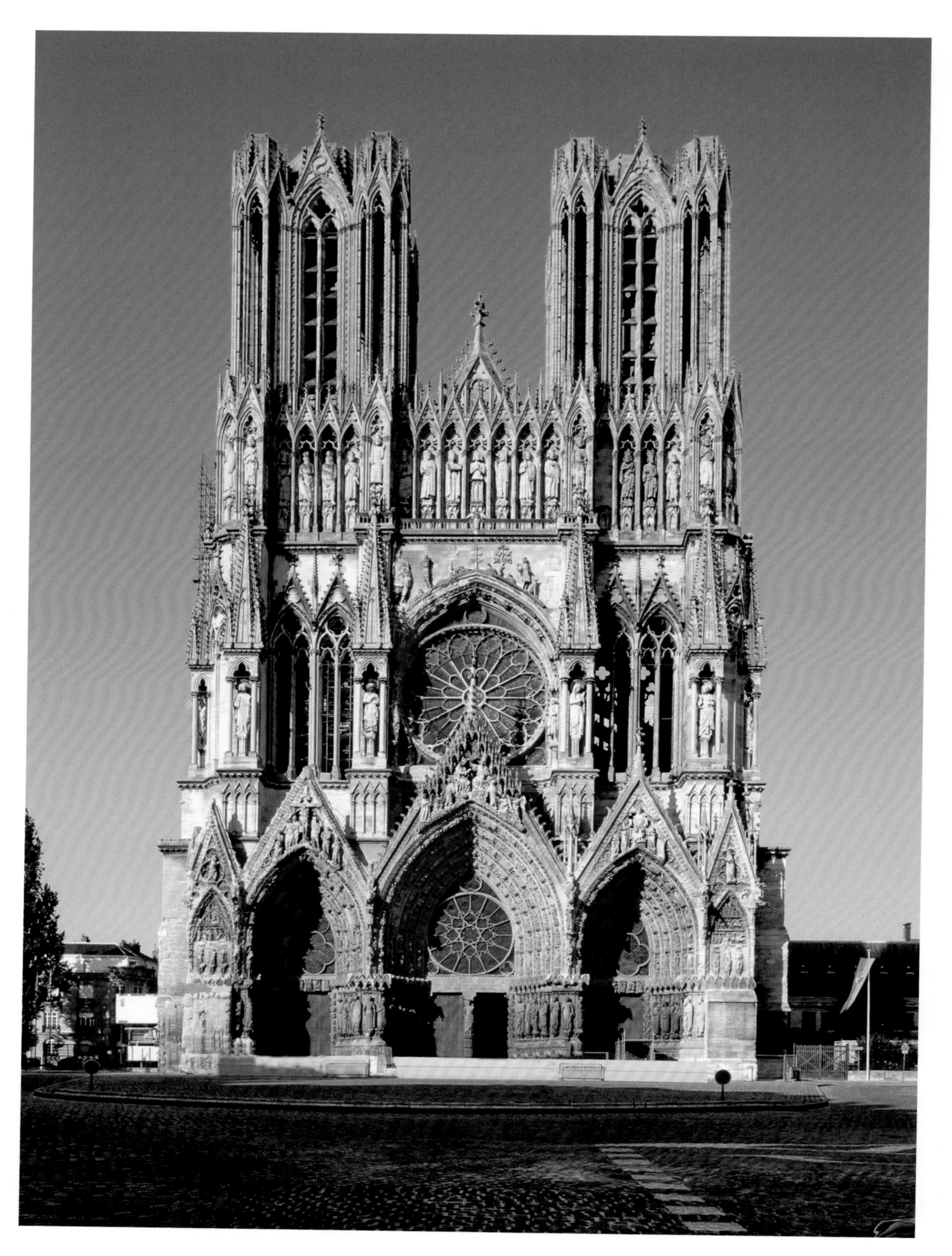

52页图

伯纳德·索森，圣母大教堂外立面，1250年前后，兰斯，法国

兰斯的圣母大教堂在三扇正门上使用了连续的轻薄山墙（三角形），山墙三角面玻璃窗的巧妙设计照亮了入口区域，控制和平衡着入口的深度与明暗度。正面如巴黎圣母院一样分为三段，但每个部分都更加尖细修长，所以垂直感更加突出。兰斯大教堂融各种建筑方案于一体，其创新之处在于将矛盾的元素有机结合：如将大型的中央玫瑰花窗与细窄的镂空侧窗结合在一起。

左图

圣德尼修道院教堂交叉甬道，1231年起，法国

1231年起，圣德尼修道院院长尤兹·克莱芒为了巩固教堂作为皇室墓地的地位而下令重建教堂。圣德尼修道院教堂又一次成为新风格的开篇之作绝非偶然。重建时建筑师尊重了苏杰建造的歌坛中最古老的部分，在教堂的其他部分则革命性地采用了多根细柱组成的十字形束柱。这些新的柱体从地面直指拱顶，使得内殿的上部面目一新：新的空间中有被玻璃窗照亮的优雅拱廊、精致的矛形天窗以及几乎占据了整个耳堂空间的耀眼玫瑰花窗。

右图

圣日耳曼昂莱城堡礼拜堂，1238年起，法国

在圣德尼，宗教建筑已经达到了一个无法企及的精美程度，因此在路易九世的命令下这种新的建筑形式甚至被使用到了小型皇家礼拜堂中。从此，这种建筑形式进入了一个持续150多年的标准化阶段。

54—55页图

莱昂大教堂东南面外观，1225年前后，西班牙

沙特尔大教堂模式

沙特尔圣母大教堂是法国最重要的圣母教堂之一，也是哥特式教堂的典范：三殿式纵向主体，三层式立面结构（拱门、通廊和天窗），耳堂短小，尾部是带回廊的深邃后殿和辐射状的礼拜堂。1194 年大火之后，教堂被复建得更加恢宏，原教堂只有地下室、正门所在的西立面和双塔被保留。1221 年歌坛的完工标志着教堂重建的结束。矩形的梁间距由交叉肋拱覆盖，顶部的重力被分散和化解，空间节奏显得紧密延续；在这里建筑师首次革命性地使用了圆柱周围紧贴四根直达拱顶的细柱的形式，突出了垂直感。沙特尔模式，即楼座的取消，用来中和拱顶张力的外部飞扶壁的使用，天窗的扩大、矩形梁间距、四分拱顶、束柱等元素的综合使用，很快取得了巨大成功。这种模式以简明的方式满足了建筑合理化的需要，赋予建筑前所未有的宏伟感。通过这座大教堂，沙特尔的狄奥多里克和孔什的古列尔莫迪等有影响力的思想家们进一步明确了哥特式审美的内涵：用建筑结构的张力和雕刻造型的丰富来表达世界之魂和天地万物的活力。

57页图

沙特尔大教堂西立面，1194年之前，法国

左二图

沙特尔大教堂的内殿和细节图，1194年到1221年前后，法国

沙特尔大教堂无论从比例上还是拱门和天窗的珍贵价值上都堪称经典之作。另外，信徒们观看圣餐仪式的新需求也使歌坛的建筑理念焕然一新。

神圣罗马帝国

左图和下图

圣母教堂外部和平面图，1235—1260年，特里尔，德国

法式哥特风格对特里尔的圣母教堂的影响表现在直指拱顶的束柱（1）和兰斯风格的窗洞上。这座教堂以自由的方式重新诠释了法国模式，在垂直层面上营造出金字塔效果，舍弃了飞扶壁而使用了厚墙。教堂在一座古老教堂的遗址上修建，仍使用了原有的平面图：希腊十字形（除了东部多边形的歌坛被拉长）（2），十字形塔楼（3），外部加入辐射式礼拜堂（4），勾勒出十二瓣玫瑰的神秘造型。

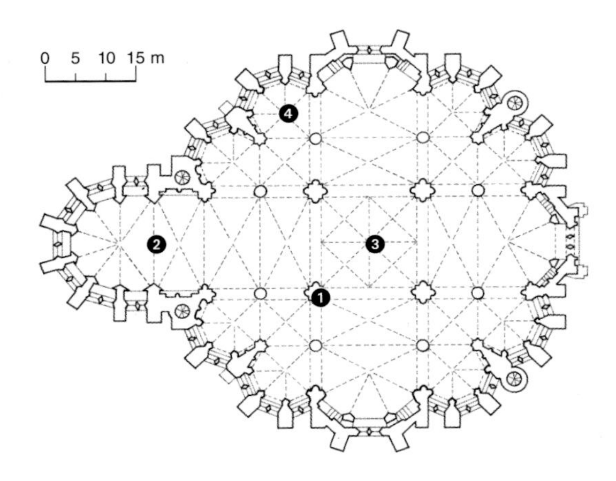

哥特式建筑的结构和元素进入德语地区的过程较为艰难。13 世纪的大部分时期，在神圣罗马帝国的心脏地区，建筑仍然以传统模式为主，忠实于笨重的比例和“厚墙”。德国的建筑师们偏好极其丰富的外部装饰，但并不喜欢使用扶壁和飞扶壁来营造建筑外部的韵律感。霍亨斯施陶芬王朝亨利六世去世后的帝国权力的削弱和费德里克二世在意大利的统治带来了一种特殊的艺术风格，对法国大教堂的建筑方案做出了改变，甚至在保守力量的作用下干脆将其彻底推翻。然而在 13 世纪初期，这种阻力逐渐减弱，法国哥特的空间概念，尤其是支撑架构，逐步被接纳。14 世纪初神圣罗马帝国最主要的建筑工地在斯特拉斯堡和科隆，这里的重要建筑标志着德国哥特风格的成熟及开始向晚期哥特的过渡。

59页图

大教堂歌坛，13世纪末，拉恩河畔林堡，德国

拉恩河畔林堡的大教堂位于靠近法国的特里尔教区，这里是法式哥特传入德国领土的入口。大教堂的特点是歌坛垂直向上，束柱支撑着一个多边形的圆顶。

杰出作品

斯特拉斯堡大教堂

左图

米歇尔·达弗里堡，斯特拉斯堡大教堂西立面图案细节，14世纪中叶，圣母院博物馆，斯特拉斯堡，法国

从羊皮纸上的比例图上可以窥见大教堂的建造过程以及大型中央玫瑰花窗和雕刻装饰的设计方案。比例图的尺寸非常惊人（外立面为410 cm×82.5 cm），图中的色彩运用与实物一致，让人不禁联想到此图可能为呈现给资助者的样图。

欧文·冯·施泰因巴赫，大教堂玫瑰花窗（上图）和外立面（61页图），1275年起，斯特拉斯堡，法国

柔和的粉红色砂岩的使用使得大教堂的外立面显得格外精美。在这里，所谓的“竖琴窗洞”被运用到极致，即底层墙壁上不同元素的错层放置。外立面中央巨大而美丽的玫瑰花窗也是从外立面向内雕刻而成的。

斯特拉斯堡大教堂的建造过程清晰地反映了哥特形式在该地区的演化，从莱茵河地区建筑师们最初的拒绝态度到对这种新形式的全盘接受。这座原奥托式建筑的重建于1176年前后从一耳堂开始，持续到1210年，1220—1225年之间建成接近晚期哥特形式的歌坛、交叉甬道和耳堂北立面。随后一位原籍法国的建筑师改变了教堂的建筑方向，他重建了教堂的南外立面，使用了带八根细柱的圆柱作为支撑，并用与沙特尔大教堂相似的大窗加高了墙壁。这些新的建筑形式迅速获得了成功，随着城市经济的极大繁荣和城市当权者对建筑工程的操纵，斯特拉斯堡成为辐射式哥特式建筑的主要生产和传播中心之一。如果说斯特拉斯堡代表了莱茵河上游的哥特式建筑中心，科隆则是下游的代表：老教堂局促过时，已经无法盛放对于神圣罗马帝国的政治来说极为重要的东方三贤士的圣骸，因此需要建立一个“完美”的教堂来容纳它。

杰出作品

科隆大教堂

辐射式哥特迅速越过了法国边境，作为大型贸易城市，科隆先行向它敞开了怀抱。对古老的奥托式教堂的第一次改建可以追溯到13世纪20年代，但在1248年的大火后，重建工作才在原先制订的法国方案基础上真正开始。教堂的资助者——大主教科拉德·迪·霍赫斯塔登是路易九世的忠实拥护者，他希望大教堂能够像同时期的巴黎圣礼拜堂一样优雅。工程进展得极其缓慢：到1322年内部仍未完工，1350年开始建造外立面，直到19世纪才在原方案的基础上完工。科隆大教堂重拾了亚眠大教堂的“古典”风格，表现在扶壁的连接和入口处上方非常尖锐的三瓣式（三径向）山墙上。

在装饰极尽繁复的尖塔之下，外墙几乎消失殆尽。建筑整体风格显得复杂却统一。

与同时代的斯特拉斯堡一样，科隆大教堂的建筑工地也成为辐射式哥特的主要中心之一。与其他大部分德国建筑工地不同，在这里很难看到日耳曼传统风格的影子。

62页图

大教堂歌坛拱顶，1248—1322年，科隆，德国

大教堂从比例上竖直向上，高耸入云，大型的窗洞使得教堂内部采光良好。科隆大教堂的“现代性”在于它舍弃了沙特尔大教堂式的墩柱而使用了圣德尼大教堂式的束柱，即数根细柱组成一根支柱从地面一直延伸到拱顶；还在于使用了精雕细刻的明亮通廊。

上图

大教堂外立面，1350年起，科隆，德国

科隆大教堂外立面于1350年在原有图纸的基础上开始重建，直到1842年至1880年间才完工。外立面分为五部分，与内殿一致，却只有三扇门，侧面被巨大的窗洞和高大沉重的双塔占据。

下图

大教堂平面图，1248年起，科隆，德国

建筑的总体方案与亚眠大教堂相似，但也有一些变化：纵向主体，五殿式（1）而非三殿式，耳堂宽敞而突出（2），带双重回廊（3）的歌坛，辐射式礼拜堂（4）。加深的西面结构（5）（倚靠在西立面的多层式门厅）缩短了内殿，成为真正的中心，有可能是当地加洛林传统留下的印记。

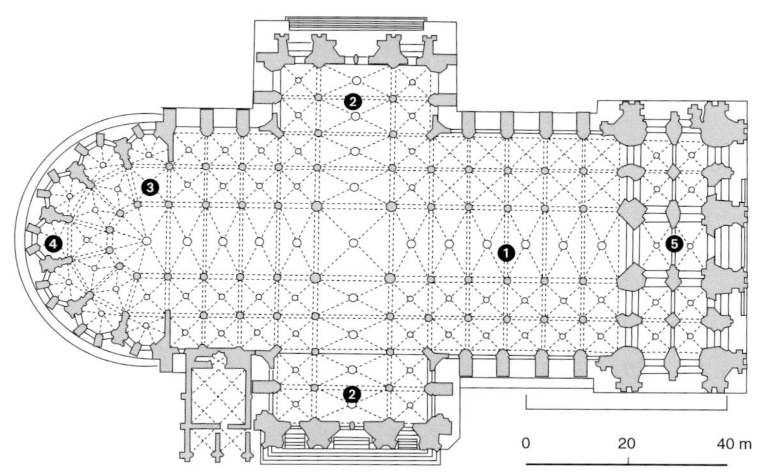

汉萨同盟城市与波罗的海地区

北欧地区由于缺乏采石场和石材，建筑多采用砖结构，外观较为单调。在这些地区，建筑呈现出独特的审美，砖结构的紧凑形式看起来似乎与哥特式建筑的极致轻盈相反。然而，在 13 世纪末期，德国建筑师的到来革新了建筑语言，西多会则将它扩散到各地。建筑师们用砖材创造出一种特殊的哥特（德国学者称之为红砖哥特式），这种风格不止涉及个别建筑（宗教或世俗的），而是改变了整个城市的面貌，在新勃兰登堡甚至修建了一道独特的绕城砖墙。

从吕贝克到科林、普伦茨劳、施特拉尔松德和其他波罗的海地区城市，建筑样式与哥特大教堂相比明显简化了：这种简化一方面是因为使用的建筑材料带来了高大平坦的表面，另一方面是因为拒绝使用太过精细的花纹装饰。尽管如此，这里仍然不乏华丽的、具有非凡细节效果的建筑。

65页图

科林修道院西立面，13世纪末到14世纪初，德国

科林修道院是德国北部红砖哥特式的巅峰之作；通过上部的拱门、盲廊以及顶部的山墙，三分式的西立面将建筑实际的高度和内部结构隐藏在身后。

左图

圣母教堂，1325年起，普伦茨劳，德国

普伦茨劳的圣母教堂美丽的东立面证明了使用砖材也能实现高质量的造型和图案。在朴实的底层和带细长高窗和扶壁的中层之上有三角形的顶部，建造者们用红黑砖材在白灰墙壁上建造出花饰窗格的山墙。哥特风格与平坦表面美妙结合，在窗洞、窗格、山墙以及或水平、或垂直、或倾斜的拱顶作用下显得千变万化，红砖哥特式建筑在这里达到其艺术顶峰。

杰出作品

吕贝克

左图

圣灵医院，1280年起，吕贝克，德国

圣灵医院是本地商人出资修建的最古老的救济所之一，也是收容病患和穷人的场所。它具有“T”形平面图，三分式外立面，扶壁上修长的尖塔用来平衡建筑在水平维度上的张力，三角形的山墙上装饰有一系列双孔盲窗和大型玻璃窗。

67页图

霍尔斯坦门，1464—1478年，吕贝克，德国

霍尔斯坦门由当地建筑师海因里希·黑尔姆施泰特所建，是吕贝克老城的城门，也是中世纪城防中最著名的城门之一。城门的两座圆塔由位于入口之上的砖砌建筑相连，在城墙的西侧有一排防御门。霍尔斯坦门是波罗的海红砖哥特建筑式最重要的作品之一，表达着城市的力量和骄傲。

从13世纪到15世纪，吕贝克是汉萨同盟（中世纪晚期最具革命性的商业同盟）中最强大的城市，在波罗的海的经济活动组织中具有决定性的地位。汉萨同盟囊括了北欧和波罗的海地区最重要的商业中心，彼时在东方进行殖民化和基督教化并与其开展贸易。被水环绕的吕贝克为了展示它不可超越的霸权和城邦的庄严形象，修建了许多巨大的塔楼。1226年起，吕贝克成为自由城市，领衔一个较为薄弱的教区（因为缺乏领土控制权），并拥有一个由富商组成的市民议会。它的城市结构准确对应了其霸主地位。圣母教堂从1277年开始重建，投资者和工地的管理者均为当地富商。不仅如此，为了表现他们在城市社会阶层中的地位，圣母教堂的体量和位置都远胜位于郊区的大教堂。市政厅矗立在集市广场上，同时具备仓库和贸易中心的功能。

CONCORDIA DOMI FORIS PAX
HEICK&SCHMALTZ

南法

法国南部地区的建筑与北部地区大不相同。图卢兹和朗格多克地区（从比利牛斯到阿维尼翁）被当地王朝统治，1244 年菲利普・奥古斯都将这片区域纳入法国统治之下。普罗旺斯则仍是神圣罗马帝国的领土。在这片与拉丁世界紧密相连的地区诞生了行吟诗人文化，随后在宫廷中流行开来并影响了中世纪晚期的整个欧洲。与此同时，清修教派建筑蓬勃发展，他们的教堂宽敞简洁，具有线性表面和单殿式结构，如阿尔比大教堂。

改变首先发生在这片区域的军事建筑上，如艾格莫尔特和卡尔卡松的军

左图

圣母大教堂，1276年起，罗德兹，法国

罗德兹的圣母大教堂经历过烧毁、倒塌和重建，在法国大教堂中并不为人所知；最初教堂的西立面完全和城墙融为一体，因此，真正的装饰仅限于教堂的上部，由美丽的玫瑰花窗和修长的尖塔组成。

事建筑。被卡玛格大片沼泽包围的艾格莫尔特，作为路易九世两次东征登陆的港口，是连接欧洲大陆和意大利海上共和国的主要贸易枢纽之一。从1240年起，在罗纳河附近几乎与世隔绝之地，艾格莫尔特得到重建，其免税政策吸引了船主和商人的到来。其平面图呈四边形，街道在广场四周呈正交网格状分布，广场被炮塔墙环绕。

下图

堡垒和康斯坦丁塔，13世纪，艾格莫尔特，法国

在“大胆”菲利普（1272—1289年）兴建的城墙的另一边可以看到雄伟的国王塔，也叫康斯坦丁塔（1240—1248年）。它最初作为城壕中心的外部塔防而建造，上面带有小型的灯塔。

杰出作品

阿维尼翁教皇宫

在 14 世纪的住宅建筑中，建筑的防御功能逐渐变得次要。在法国此类建筑的杰作当推位于神圣罗马帝国和法国王室封地交界处的教皇所在地阿维尼翁的教皇宫。教皇宫位于郊区临近大教堂的位置，建于基岩之上，凭借规模和复杂结构而闻名于世。第一个教皇住所旧宫的主人为本笃七世，设计者为皮埃尔·博森。旧宫外形上是一个森严的修道会式城堡，由塔楼和高高的锯齿形城墙组成，包括教皇的住所、礼拜堂、法庭和围绕着庭院的秘密会议厅。新宫的主人为克莱门特六世（1342—1352年），设计者为让·德·罗浮，内部极其奢华，无数装饰精美的大厅、礼拜堂和房间围绕着荣誉法庭铺陈开来。南面华丽的听审室和克莱门特礼拜堂充满了新意，后者是教皇加冕和举办各种宗教仪式的场所。用于配套和服务的部分设计得非常有趣，特别是复杂的厨房和对应的储藏室，以及用于卫生服务的区域。在教皇宫盛行着所谓“阿维尼翁画派”的作品，这种画派将马泰奥·焦瓦内蒂的锡耶纳画派精致写实主义和法国画家的优雅笔触相融合，代表着 14 世纪意大利艺术在法国传播的开始。

下图

教皇宫外立面，1334—1352年，阿维尼翁，法国

阿维尼翁教皇宫规模惊人，在当时的文字记载中被描述为“世界上最美丽、最坚固的住所”，是奢华和文化影响的例证。如果说受到新的社会现实和同时期哥特文化的影响，它在内部设施上明显表现出对更高生活质量的追求，在外部形态上则仍然停留在传统的城堡式，由带城垛的高墙和林立的大小塔楼组成。教皇宫与现有的城市领土相连，成为城市核心规模不断扩大的建筑缩影。

杰出作品

阿尔比大教堂

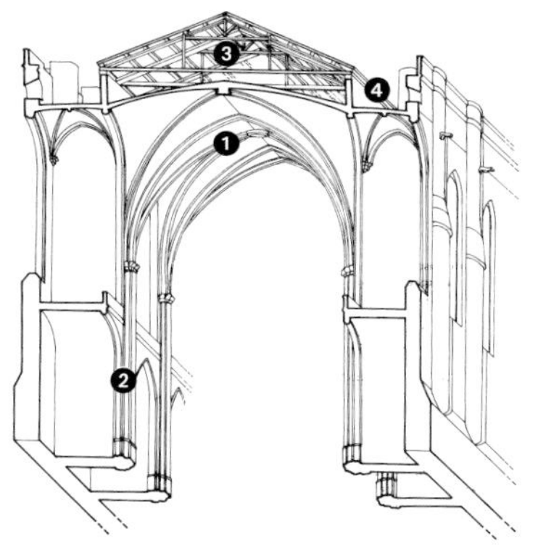

上图

阿尔比大教堂截面图，法国

内部为单殿式，交叉拱顶（1）架于纤细的束柱（2）之上；从截面图可以看到拱顶上方木梁结构的斜屋顶（3）和屋顶旁的巡逻步道（4）。

左图

大教堂东部外观，1287—1390年前后，阿尔比，法国

大教堂外观紧凑，底层防卫森严，出口很少，连续的巡逻步道绕其一周，正面有一个粗壮的高塔，整体呈现出要塞的面貌。外墙交替使用了扶壁和细窄的辐射式高窗，建筑外部砖材的使用带来一种朴素感，并将教堂与城墙连接起来。

作为卡特里教派的传播中心，阿尔比城（卡特里教派也被称为阿尔比派）成为教权独立的地区。大主教和朗格多克大法官贝纳·德·卡斯塔尼特掌握了阿尔比的统治权，在占据显要位置的大教堂（1250年起）旁建造了一个真正的城堡——贝尔比主教宫（1250—1300年）。城内的城堡、大教堂和主教宫实际上构成了一道宏伟的防御工事，将险要的设防宫殿（世俗权力的象征）与伪装成堡垒的大教堂连接起来，捍卫着这个卡特里教派据点城市的信仰。这种简朴紧凑的建筑风格与北部的线性主义风格截然不同。一个粗壮的高塔占据了建筑的西立面，使通往城堡内部的教堂入口显得更加戒备森严；在南侧有一个晚期哥特式的华盖，门廊华丽而浮夸。阿尔比圣塞西尔大教堂因此显得跟法国领土上的其他城堡极为相似，当国王成为封建分裂的反对者和教皇国的捍卫者时，它的教堂功能才得以体现。

杰出作品

卡尔卡松

上图

卡尔卡松城市外观，法国

作为中世纪军事建筑史上最重要的城市综合体之一，卡尔卡松如今的面貌与19世纪法国著名建筑师维欧勒·勒·杜克的“解释性”修复工作密切相关。城市位于奥德河右岸的丘陵之巅，从12世纪起，特兰卡维尔家族（阿尔比、尼姆和贝济耶子爵）推动了伯爵宫的建造并在晚古时期城墙的内部修建了大教堂，使卡尔卡松达到了其辉煌的顶点。在图卢兹伯爵的支持下，1209年起，这里成为卡特里派的避难所，随后被西蒙·德·孟福尔所率领的法国军队包围和占领。在路易九世和“大胆”菲

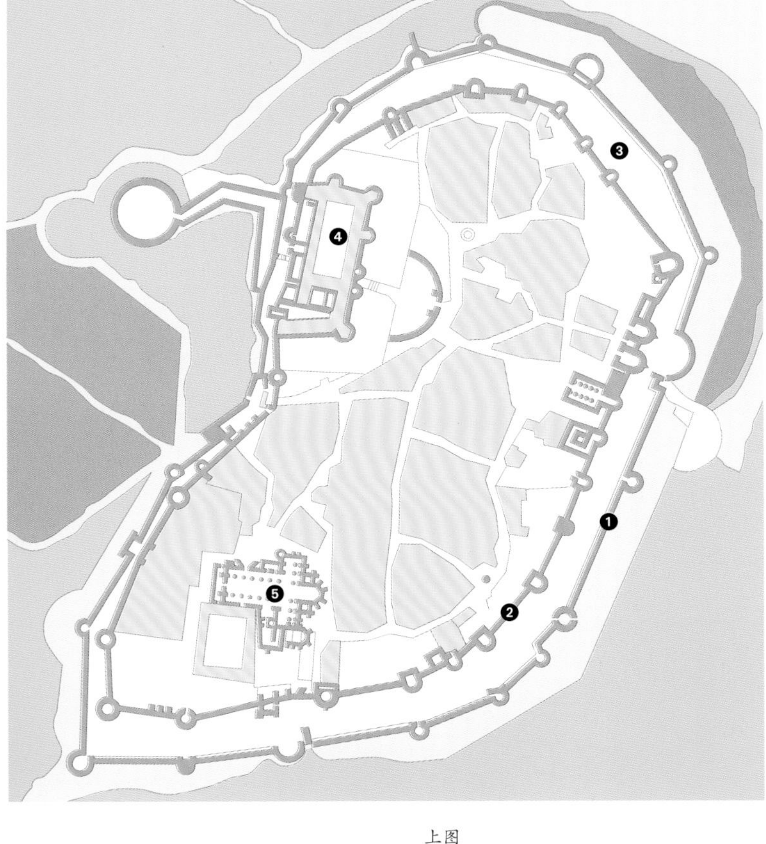

上图

卡尔卡松城市平面图，法国

城市平面图近椭圆形，由双重同心城墙保护。第一重城墙 10 米高（1），第二重达 14 米高（2）；两重城墙均有城壕、城垛和排水渠。城市有 52 座形态各异的防御型塔楼，呈圆形、正方形或半圆形。两重城墙之间的空间（3）在和平时期被用来进行比赛、娱乐和存放建筑材料。整个城市只有两个城门："纳波尼门"（1280 年）和"奥德门"。城堡（4）和 1269 年开始重建的圣纳泽尔大教堂（5）位于第二道城墙之内。

利普的统治之下，三种不同的建筑风潮助力卡尔卡松完成了城市规划，形成了如今的形态和规模。

由于其战略性位置，它成为朗格多克最强大的地区之一，这也使得防御工事的重建变得尤为必要，重建范围涉及领主建筑、第二道城墙和河对岸城市山脚的村庄。由于之前的建筑已经经受了几个世纪的洗礼，重建时的设计理念是运用当时最新的建筑和城防技术建成最先进的防御中心。

卡斯蒂利亚王国

1212 年，图卢兹的拉纳瓦战争胜利之后，伴随着天主教王国的军事和政治征服，哥特式建筑形式开始在伊比利亚半岛传播，在与本土建筑风格（罗曼传统和伊斯兰技术与装饰技巧的融合）相遇时受到了阻力。然而，到 12 世纪末期，沿着朝圣之路可以明显看到法国北部的建筑风格对当地的影响，如雕像的形式和带回廊的歌坛。在这条朝圣之路上，卡斯蒂利亚王国在文化上与法国这个 13 世纪最具活力和影响力的中心最为接近，彼时正致力使挣脱了阿拉伯人统治的土地重新繁荣起来。布尔戈斯、托莱多和莱昂大教堂的修建代表了当时建筑艺术的最高成就，从中可以明显看出法兰西岛建筑模式的巨大影响和一种真正的自身城市文化的缺乏。卡斯蒂利亚王国在经济上主要依赖农业和养殖业，国王和主教是艺术革新的主导者，除了布尔戈斯，资产阶级只是一个边缘化的角色。1225 年前后，莱昂主教下令修建一个新的大教堂，尽管采用了法国 40 年前的模式，这一举措仍标志着伊比利亚半岛对法国模式的全盘接受。然而，卡斯蒂利亚式哥特并不是对法国哥特的单纯复制，也不是简单地将外来元素加入本地传统建筑风格。

下图

托莱多大教堂内部，1222—1223 年，西班牙

托莱多大教堂是 13 世纪西班牙最大的建筑。作为将同时期的法国建筑风格与伊斯兰建筑图案结合起来的尝试，大教堂表达了其成为伊比利亚半岛宗教中心的雄心。同时，它又是与法国哥特风格距离最远的一座，给伊比利亚半岛巧妙的创新留出了空间。在这里，人们可以发现伊比利亚半岛建筑典型的原生功能性特点之一，随后也被其他教堂采用，即内殿的统一空间从视觉上和形式上被栏杆或隔栏分隔开来，形成了一片独立于教堂其他区域的宽敞的司祭区，作为皇家葬礼礼拜堂使用。

杰出作品

布尔戈斯大教堂

布尔戈斯始建于1223年左右，虽然成为王国的首都纯属偶然，但它是西班牙通往法国之路上最重要的政治和宗教中心，也是西班牙领土上采纳法国建筑形式最彻底的地区之一。布尔戈斯大教堂在毛里西奥主教（与卡斯蒂利亚的费迪南德三世关系密切）的授意下修建，呈三殿式，耳堂突出，有带回廊的歌坛。也许是由于资金上的不足，或者是因为法国教堂的巨大体量对于这片有深厚罗曼传统的土地仍然显得格格不入，布尔戈斯大教堂看起来像是法国教堂的简约版，但它在其他方面，如采光上紧紧追随了哥特式建筑的演化，却又有自己的侧重。在布尔戈斯大教堂可以看到宏伟的哥特雕塑的有趣创新，从最早的法国模式逐渐演变为影响全国的独创样式。萨曼塔之门用极强的现实意义和特殊的浮雕艺术重现了典型的哥特雕塑之美。

在晚期哥特式的孔代斯塔布雷贵族礼拜堂（西蒙·德·科洛尼亚作品）中，装饰性元素（纹章雕塑、装饰、拱门）成为整个建筑空间的主角。这种建筑风格可以在穆德哈尔传统艺术中找到根源，也使西班牙建筑能够在欧洲哥特式建筑的全景中占据独特而鲜明的位置。

上图

布尔戈斯大教堂外观，13世纪末到15世纪，西班牙

布尔戈斯大教堂的外部风格紧凑，不同的建筑阶段巧妙地融合在一起。外立面最突出的15世纪的尖塔是胡安·德·科洛尼亚的作品。

英国装饰式哥特

13世纪末到14世纪初，英国的建造者们仍然忠实于原有的建筑模式（狭长的平面图，耳堂突出，十字形塔楼，建筑包括其外立面向水平而非向垂直发展，保留了“厚墙”技术，较少使用飞扶壁），然而在处理拱顶表面时采用了特殊的装饰形式，并使用附加肋使图案更加复杂化，由此开启了晚期哥特之路。

1280—1290年前后，英国的建筑师们从最新的法国建筑那里汲取灵感，在宫廷建筑的窗洞设计中采用了不同的几何元素。

在伦敦，建筑风格沿着辐射式这条主线发展，同时为下一阶段的垂直式提供了前提条件；另一方面，同时期窗洞图案的各种变形标志着下一个阶段的开始，即装饰式中的曲线风格。

这种风格最根本的特点是使用曲线形式和葱形拱。

这种风格的影响远远超过了它对装饰性建筑语言的革新意义，它将流动性迅速地推广到了大教堂的三维结构中，扭转了整体的空间概念并消除了原有墙壁的凝固感。

77页图

韦尔斯大教堂交叉拱门，1338年左右，英国

韦尔斯大教堂使用了在桥梁建筑中经常运用的技术形式——两个相对的尖拱相连（被称为剪刀拱）。十字形塔楼的稳定性要求使它采用了对于教堂来说非常罕见的石质承重结构。

塔楼从空间上与教堂的其他部分分隔开来，使教堂的整体结构显得十分宏伟，同时该区域的阴暗也与其他区域的明亮形成鲜明对比。通过曲线的运用产生全新的建筑形态，在很长一段时间内成为大部分英式晚期哥特式建筑的显著特点。

左图

伊利大教堂八角形拱顶，1322—1342年，英国

英国建筑师对不同视觉方向和全新透视效果的追求在伊利大教堂的八角形拱顶上表现得淋漓尽致，这座教堂是由阿伦·沃尔辛厄姆（资助者和金匠）和威廉·赫利（皇家木匠）合作建造的。通过一种特殊技术的使用，教堂从宽度和高度上都异常雄伟，外观梦幻而美妙，是同时期欧洲建筑中的佼佼者。伊利大教堂的八角形拱顶由木质结构覆盖，悬梁连接着中心垂挂吊灯的圆环，看上去仿佛是带有非承重附加肋的石质拱顶一样。

IS THE
GLORY

杰出作品

教士会堂

教士会堂是英国中世纪建筑的标志性元素之一，随后向两个截然不同的方向演变：一方面，在林肯大教堂（其后所有教堂的原型）、坎特伯雷大教堂（12世纪末期）、西敏寺（1253年完工）、索尔兹伯里大教堂（1253年后）和韦尔斯大教堂（1293—约1302年）等建筑中，从中心柱开始大量使用的附加肋形成了装饰异常丰富的拱顶；另一方面，约克大教堂的教士会堂成为完美的“玻璃之殿”，所有的墙面都被巨大的玻璃窗所取代。作为独立的空间，教士会堂通常紧靠耳堂北侧，有时经由前厅连接。

上图

林肯大教堂教士会堂拱顶，约12世纪末，英国

从纤细而优雅的中央束柱延伸出像棕榈树枝干一样的肋架——这种建筑体系放弃了柱体与拱顶单独结构之间的固有联系，而是采用了更加复杂且统一的肋束。在形象层面，建筑师用肋架象征植物的形态；在结构层面，各种结构元素的功能不再孤立，而是被融合在一起。

上图

约克大教堂教士会堂拱顶，1290年前后，英国

约克大教堂八角形的教士会堂重拾了英国传统教士会堂的建筑方案，进一步扩大了空间感，增加了直径和高度，去掉了拱顶中央的支撑。在最初的设计中拱顶为石质，然而在实际建造时使用了木材以减轻拱顶的重量，使支撑柱的取消成为可能。在墙体的处理上使用了大量的窗户，进一步增强了膨胀感。起伏的表面折射着大玻璃窗透过的耀眼光芒，使得室内空间的划分不再泾渭分明。

杰出作品

约克大教堂

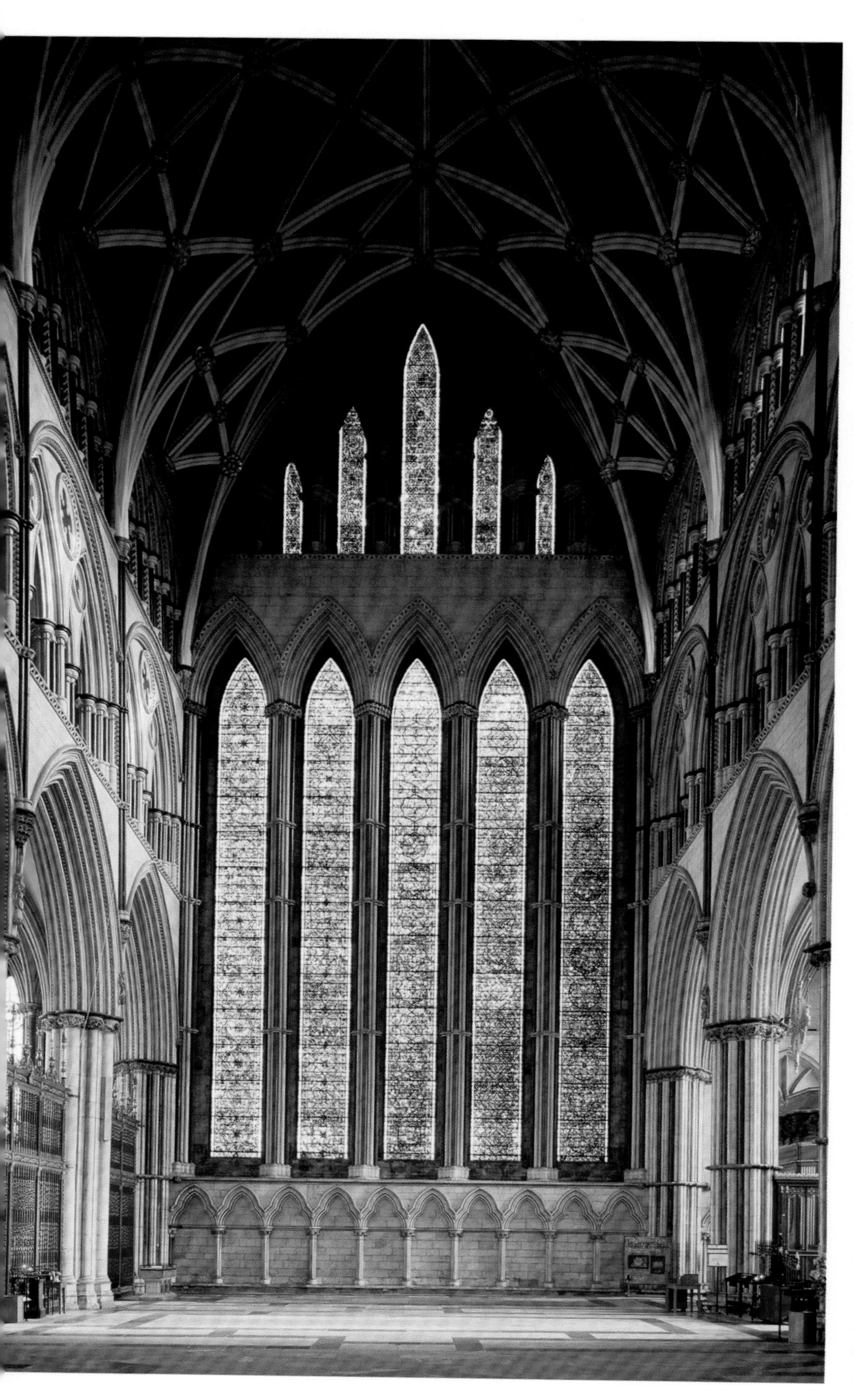

教堂为彼时在巴黎担任神学教授的大主教约翰·勒·罗梅下令修建，使用了法式哥特轻盈的骨架结构和轮廓尖锐的高大拱门。这里曾是一场修复运动（13 世纪的最后 25 年）的舞台，在巨大内殿空间中，几何窗饰无处不在，从中人们能够观察到在英国并不常见的法国辐射式哥特式建筑形式的发展过程。在约翰·德·尚普的贡献下，约克大教堂与南法大教堂的相似性十分突出。宽阔的耳堂可以追溯到 13 世纪，教士会堂于 1290 年开始兴建，内殿始建于 1291 年。外立面大约在 1340 年完工，歌坛 1361 年完工。

左图

约克大教堂北部耳堂，1260年前后，英国

英国北部的哥特式建筑在耳堂顶部有着特殊的设计，而约克大教堂的北部耳堂是其中最为宏伟的。在一系列盲拱构成的底座上，有五扇极其细长的枪形窗，被查尔斯·狄更斯称为“五姐妹窗”，上面有极小的色块构成的抽象图案。大型的女性楼座也是英国北部教堂的特色之一。拱顶为木质结构。

上图

约克大教堂外部，东南面外观，英国

尽管深受法国模式和科隆大教堂的影响，约克大教堂在比例上明显被压缩，并主要向水平方向展开。前方的两座塔楼于15世纪重建，在最初的建筑方案中与韦尔斯大教堂式的外立面连在一起，实际建成后使得约克大教堂的西面成为所有英国教堂中最具法国特色的一座。歌坛和内殿的长度一致，使教堂整体呈现平展的效果。1407年中央十字形塔楼倒塌后的重建是教堂最后的工程，由于地基的不稳定性，新建灯笼形塔楼的高度明显比之前低得多。

意大利

从13世纪初开始，意大利的建筑文化表现出极大的活力和显著的地域差异。这里能看到法国—勃艮第元素，12世纪末到13世纪初的西多会建筑将阿尔卑斯山以北的法式哥特带到了意大利。这里能看到根深蒂固的罗曼传统，以及如今由圣彼得大教堂继承的古典元素和南部施瓦本家族的皇室印记。在13世纪接下来的时间里，哥特式建筑的形式和技术在意大利的痕迹日益减少，原因之一是缺乏一个强大的中央集权来推动统一建筑形态的传播，因此也就无法动摇当地的建筑传统。不仅如此，几乎所有意大利城市的重要教堂都在12世纪经历过重建，市民建筑的建设也都接近尾声，哥特式建筑形式已经没有施展的空间。在摩德纳、帕尔马、克雷莫纳和费拉拉教堂的最后建设阶段不乏现代性的元素，但不足以改变原有的空间感，并保留了

下图

费拉拉大教堂外立面，12—13世纪，意大利

在最初的设计中，费拉拉大教堂卓越的三段式外立面（由两个坚实的扶壁分成三段）本应和摩德纳大教堂相似。带有宏伟大门的下部构成了最初的罗曼核心，上部的通廊由尖形的盲拱组成，体现出不同的建筑语言。可供行走的长廊将外层的大理石与内层的砖瓦材料分隔开来。第二层长廊和三个哥特式尖顶是13世纪修建完成的。

左图

大教堂外立面，1308年起，奥维托，特尔尼，意大利

奥维托大教堂由建筑师洛伦索·梅塔尼主持修建，无论从建筑文化还是建筑技术角度看都写下了划时代的一页。大教堂外立面复杂的设计过程和不受制于其他部分的独立性正是这种新的文化氛围兴起的体现。作为与教堂后部完全脱离的建筑元素，外立面采用了正方形和三角形交替的几何图案，与四周的城市空间形成了良好的互动。其镂空、玫瑰花窗、尖顶和尖塔的使用紧跟当时的法国建筑风潮，被认为是“装饰式”哥特式建筑的杰作。

紧凑平衡的特点。

意大利接受了哥特式建筑对外观的重视及薄墙理念，却走上了一条与法国哥特式建筑平行的道路，尤其重视视觉扩张效果。清修教派为这种建筑风格的诞生做出了重要贡献，13 世纪 40 年代后，他们开始修建体积庞大但结构相对简单的宗教建筑。14 世纪的意大利重新兴起了公共和私人建筑的修建浪潮，城市空间和相关建筑得以重建。从城市管理者到主要福利机构，从教会到清修教派，从政治、商业组织到大的贵族家庭，都是这场浪潮的推动者。

左图

圣母马利亚斯皮那教堂，1325年起，比萨，意大利

圣母马利亚斯皮那教堂作为小礼拜堂于13世纪建于阿诺河岸。到了14世纪，为了保存耶稣荆棘冠的碎片，教堂按照卢波·德·弗朗切斯科的方案进行了扩大和改建。因为受到河水泛滥的威胁，小教堂经历了数次修复，直到1871年被全部拆除并重建到更高处。教堂的表面完全由双色大理石构成，装饰着玫瑰花窗、尖顶、尖塔和大量雕塑。

85页图

圣母百花大教堂内殿，1366年起，佛罗伦萨，意大利

佛罗伦萨的圣母百花大教堂的修建工作于1337年中断，在修建工作重启后，资助者和建造者之间的关系对建筑的影响在这个重要的工地上开始显现。在阿诺尔夫·迪·坎比奥原先的设计中，围绕中心的东部区域和简化的纵向主体之间形成了辩证关系。后来的建筑师弗朗切斯科·塔伦蒂采用了类似的设计，但是建筑体积更大，空间更开阔。大教堂的建造是能力与责任相融合的复杂体系的产物，在这里，政治机构（强大的羊毛商行会）、管理机构和税务机构以资助者和审查者的双重主人翁身份介入，在建造大教堂的同时非常注重整个城市的威望和装饰效果。

值得一提的是教皇宗座向阿维尼翁的转移使得当地领土权力得到加强，城市的装饰成为一种政治命令，由此导致了13世纪建筑师和资助人在建筑风格和技术上的选择。意大利哥特式建筑的显著特点之一［除了米兰大教堂和博洛尼亚圣方济各教堂（1236—1263年）］在于拒绝使用外部飞扶壁。另外，无论是宗教建筑还是市民建筑，都强调方形梁间肋拱和内殿等高肋拱的使用。为了确保建筑的稳定性，一些厚重墙体被移至外部，其紧凑、清晰的形态与城市景观的其他元素相协调。意大利的哥特语言与法国有着明显差异，人们很容易联想到，这种对外来建筑形态的抵制与让当地人为之骄傲的城市自治权以及城市的特殊价值有关。

杰出作品

阿西西的圣方济各大教堂

圣方济各大教堂的建造过程和整体结构与它的墓葬教堂、修道院和教皇礼拜堂的三重功能密切相关。因为建在陡坡上，所以它采用了上下教堂的两层结构，保证面朝城市的大教堂外立面获得必要的突出地位。

如果说下层教堂（1）属于晚期罗曼建筑风格，上层教堂（2）则采用了全新的体系。这里有数不尽的哥特元素（镂空窗洞、线性支撑、骨架结构），清晰地表明了其法国起源。采用法国哥特风格不仅因为圣方济各大教堂的建筑师们来自法国，也是教堂资助者们的明确要求。作为方济各派的标志性建筑，他们希望能够树立该教派的现代国际化形象。尽管如此，罗马仍然是重要的参考因素，教堂丰富的绘画装饰以及外立面朝向耶路撒冷的方向（和圣彼得大教堂一样）充分说明了这一点。13世纪中叶，教皇英诺森四世结束了在法国的长居回到意大利，随后颁布了重新装饰教堂的命令，准备将其作为墓葬教堂。

最初的装饰工程位于后殿所谓的“典型性”玻璃窗上，通过对耶稣和先知生平的平行描述，讲述了新旧约之间的联系。

1297—1299年，乔托在大教堂以壁画的形式重现了圣方济各的生平，代表着绘画史上决定性的转折。

下图

圣方济各大教堂截面图，1228—1253年，阿西西，佩鲁贾，意大利

在截面图上人们可以清晰地区分上层教堂（2）和下层教堂（1），下层教堂通往地下墓穴，即圣方济各的坟墓（3）。

87页图

圣方济各上层教堂内部，1228—1253年，阿西西，佩鲁贾，意大利

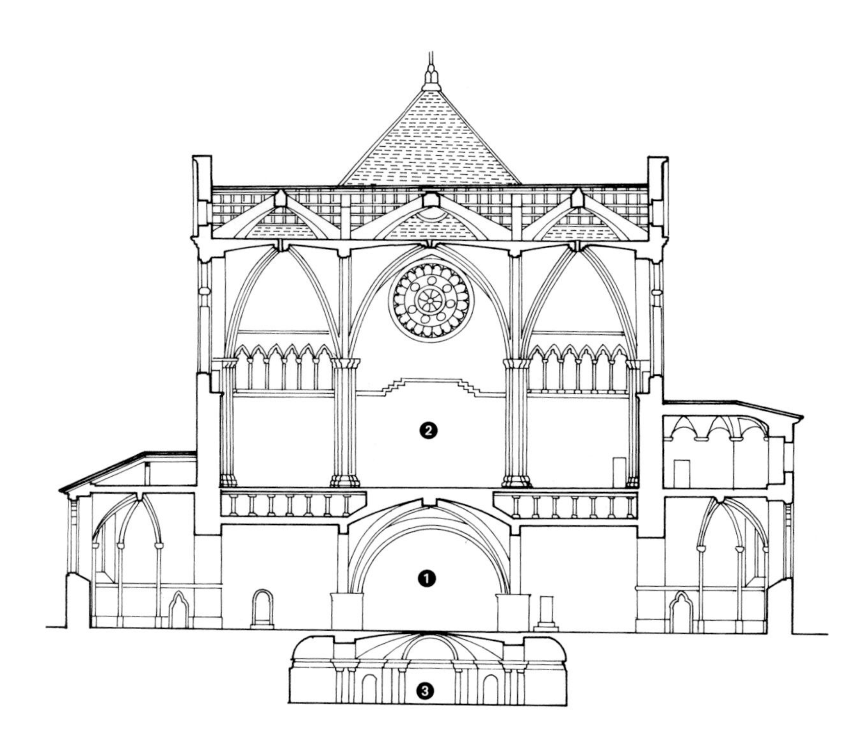

公共建筑、凉廊和市场

如果说大教堂以它的宏伟确立了其在城市的显著地位，公共建筑则象征着市民权利：这些造价越来越高昂的建筑代表了所有社会团体、神职人员和普通市民的自我意志。在13、14世纪兴起了一种新的建筑类型——市政厅，即城市管理机构的所在地，成为城市景观的重要组成部分。市政厅同时具备意义和功能上的重要性，并从根本上改变了城市格局：从11、12世纪大教堂作为世俗和宗教建筑的一家独大，逐步转向政教分离；大教堂和市政厅就像城市的两极，均面向宽阔的广场。除了二者之外，市场成为第三种重要的城市空间。波河平原城市市政厅的典型形式是"布罗莱托式"：一般为两层，下层为开放式的柱廊，上层为封闭式，内部有一个巨大的会议厅、宽大的窗户和朝向广场的阳台。

内部大型的会议厅当时全部被寓言题材的壁画覆盖，就像我们现在仍能在锡耶纳或者帕多瓦欣赏到的一样。在意大利中部，教皇派城市（教皇的同

下图

市政厅，1281年起，皮亚琴察，意大利

皮亚琴察旧市政厅是13世纪伦巴第地区世俗建筑的杰作。该建筑在教皇派资产阶级代表、城市摄政阿尔贝托·斯科托的授意下开始修建，北面完成后，由于瘟疫和随之而来的经济萧条，建造过程被中断。建筑模仿了伦巴第地区中世纪市政厅风格，下部为使用白、粉、灰三色大理石建造的两殿式纵深柱廊，上部为砖结构，装饰有优雅的三叶窗、精美的玫瑰花窗、拱形边框和齿形垛。市政厅是为了召开市民大会而建的。

盟，如佛罗伦萨）和皇帝派城市（皇帝的同盟，如锡耶纳）之间永恒的矛盾导致了堡垒森严的公共建筑的出现，它们外表紧凑，易守难攻，这是动荡时代必然的选择。

在中世纪末期，意大利城市的市场和集市成为充满活力的社会生活中心。商业活动在城市经济中占主导地位，因此拥有住所并不直接意味着拥有市民权利，要拥有市民权利必须加入商业组织，商业行会因为手中的流动资金而一跃成为社会的上等阶层。行会形式日益普遍：手工业行会由最初的因为宗教和互助目的聚集在一起的手工业者的组织演化为更复杂的形式，成为以追逐纯粹利益作为首要目的的专业联盟。行会日益强大后，其自治权得到承认，拥有自我管理体系和约束行业行为的相关章程。市民因此具有了阶级团结和个人能力的意识，在获得物质财富的同时得到了政治权利，开始参与城市管理。凉廊作为行会管理和集会的场所，成为最有代表性的市民建筑和城市形象的象征。

上图

法理宫，13—14世纪，帕多瓦，意大利

哥特时期的帕多瓦的辉煌体现在其城市结构中：在13世纪末14世纪初，世俗建筑和教会建筑（圣安东尼奥教堂，1232—1310年）如雨后春笋般涌现。具有法庭功能的法理宫于1218—1219年修建，建筑为双层长形砖楼，首层为柱廊式。建筑的哥特式改造（1306—1309年）由乔万尼·艾莱米塔尼主持。他将墙壁加高增厚，沿建筑的长边修建了宏伟的长廊，顶部用涂铅龙骨覆盖。

左图

碧加洛凉廊，1352—1358**年，佛罗伦萨，意大利**

凉廊为慈悲圣母会而建，最初用来收容走失或者被遗弃的儿童。地面层有一个小礼拜堂，有双孔窗的上层用来庇护乞儿。在哥特时代所建凉廊的半圆拱门成为布鲁内莱斯基育婴堂的灵感来源。

下二图

安东尼奥·迪·文森佐和洛伦佐·达·巴尼奥马里诺，经商长廊的外部和细节，1384—1391**年，博洛尼亚，意大利**

作为城市商业生活的场所，经商长廊是海关、部分行会所在地和集市的综合体。在双重尖拱的精美长廊之上，两扇优雅的双孔窗之间，有一个带镂空华盖的小阳台，上方有燕尾状齿形垛。某些行会以在建筑外立面上部装饰其纹章的方式展示它们的存在，比如裁缝协会的剪刀标志。长廊在第二次世界大战后重建。

上图

市政厅，1296年前后，佩鲁贾，意大利

作为多个建筑阶段的产物，市政厅记录了城市的政治和行政演变，以1303年城市司法机构的建立为顶峰。市政厅围绕古老统治者的住所而建，外形清晰，点缀着加强透视效果的三孔窗。朝向广场的外立面的大门上方装饰着鹰头狮和教廷狮（分别象征着佩鲁贾和教皇派）。

威尼斯

威尼斯对哥特式建筑风格的接受和创新伴随着巨大的变革：强大的海上力量的崛起，独有的连接东西方的角色，社会和制度结构以及14世纪初城市大发展形成的约11.5万人的城市规模。哥特元素的渗透在13世纪已经初现端倪，但直到14世纪中期当圣马可地区开始大量修建修道院和公共及私人建筑时，这种技术才走向成熟。在作为统治阶级的贵族和寡头企图加强城市经济地位、树立城市形象的背景下，一种新的市民建筑逐步兴起并在之后的几个世纪里几乎被原样照搬：这种大型宅院系统地采用了“C”形布局，有一个三面封闭的庭院和门厅。整体环境非常明亮，庭院成为居家生活的主角。威尼斯的晚期哥特式建筑在贵族层（二、三层）有大型客厅，朝向外立面的墙上有一系列典雅的窗洞，占据了建筑的中心位置，成为结构和形式上的核心。这种市民建筑综合使用了起源于拜占庭的装饰风格、伊斯兰元素以及珍贵建材，朝水的外立面精美如画。威尼斯的清修教派们从14世纪30年代开始修建修道院，比意大利的其他城市晚了约一个世纪。

左图

黄金宫，1421—1440年，威尼斯，意大利

由来自威尼斯最有声望的家族的马里奥·康达里尼下令兴建的黄金宫体现了威尼斯晚期哥特时期市民建筑的诸多特点。黄金宫面向大运河，外立面呈不对称装饰，连续的窗洞制造出明暗效果。建筑师马泰奥·拉维尔迪从火焰式哥特风格中汲取灵感，在贵族层（二、三层）设计了开放式阳台。建筑外表采用了珍贵的大理石，将砖瓦建筑的厚重性一扫而空，呈现出明亮而轻盈的效果。

右图

圣方济会荣耀圣母教堂内殿，1334年，威尼斯，意大利

圣方济会荣耀圣母教堂的内部结构通过连接柱体的纵向和横向木梁得到加强，横向木梁一直延伸到两侧的墙壁。这种建筑方式奇妙地改变了三维空间，使人们在明亮的环境中能看到一个个同等大小的立体框架。

杰出作品

总督府

总督府外立面的完成标志着这个持续了近80年的工程的结束，大议事厅的修建赋予了总督府与众不同的建筑地位。建筑外形复杂，下面两层为朝外的门廊，建筑风格迥异，最上层的外立面布满了装饰。从单独的建筑元素来看，柱体、柱顶、门廊、尖拱都是威尼斯华丽的哥特风格。外立面是威尼斯造型艺术的代表性作品，充分运用光与色彩，形成了去物质化的效果。在佛罗伦萨已经开始进入文艺复兴的时候，15世纪的总督府从外形上仍然严格遵循了上世纪的模式，树立了威尼斯晚期哥特的地位，体现出一种重归传统的优雅。

上图

总督府外立面，1422—1424年，威尼斯，意大利

锡耶纳

左图

坎波广场和市政厅，13世纪末期，锡耶纳，意大利

作为最引人注目的中世纪城市环境之一，锡耶纳坎波广场在13—14世纪得以成型。此时成为自由城邦的锡耶纳达到了辉煌的顶峰，需要有一个代表性的公共空间与之匹配。由于市政厅和周围建筑的位置，广场采用了特殊的构造（分为放射性的九块，象征着九人理事会的统治），并根据地势设计成贝壳状。市政厅是广场空间的视觉中心点，于13世纪末期开始修建，被随后修建的贵族私宅所簇拥。左侧高耸着曼琪亚塔楼（1325—1348年），作为城市的标志，它竖直向上的动势平衡着市政厅的庞大体积。钟楼脚下的广场礼拜堂修建于1348年，人们在这里为抵御瘟疫而许愿。

由于地处通往法国的必经之路，12世纪的锡耶纳成为当时的国际交流中心之一，经济和人口迅猛发展，在管理上拥有了市政规章，在政治上开始寻求领土扩张。13世纪是锡耶纳政治、城市化和艺术领域的黄金时代，当时的建筑直至今日仍令这个城市与众不同。在这个时期，市民生活和城市结构围绕着两极展开：政治上是坎波广场区域，宗教上是大教堂区域。坎波广场是市民权力实施的场所和象征，与古老的市场相连，地面倾斜，低处为市政厅所在地。从建筑类型上看，作为行政和管理机构所在地，市政厅摒弃了封建堡垒式建筑的所有特点，采用了贵族宫殿式结构。宗教中心位于锡耶纳的老城堡地区，围绕着13世纪被彻底重建的大教堂展开。大教堂的重建是锡耶纳当时最具野心的建筑工程，计划将原来的教堂作为耳堂，在此基础上重建一座全新的大教堂。工程于1339年开工，不久之后由于鼠疫和经济等问题而停工，只能从未完工的宏伟外立面和巨型的内殿遗迹上看出当时繁盛和衰败的痕迹。

杰出作品
锡耶纳大教堂

1179 年封圣仪式后，大教堂的建造一直贯穿整个 13 世纪，确立了外立面的位置，完成了穹顶（1263 年）和钟楼（1264 年）的建设。

大教堂外部被黑白大理石饰面所覆盖，与城市的徽章相呼应。主持第一阶段建筑工作的被认为是尼科拉·皮萨诺，布道坛也是他的作品，随后由他的儿子乔万尼接手（1284—1296 年），他建造了带有三扇斜削大门的外立面下部。上部于 1377 年后由乔万尼切科·迪·切科完成，采用了同奥尔维托大教堂一样的三尖顶式和哥特装饰形式。在设计上，大教堂运用了等边三角形、正方形和圆形等几何形式，规整的结构赋予了建筑充满理性的外表。

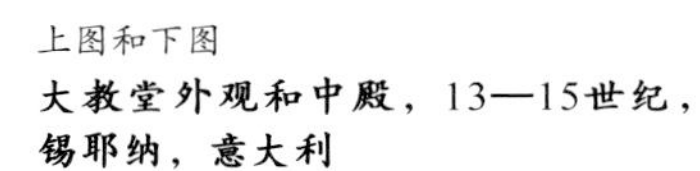

上图和下图

大教堂外观和中殿，13—15世纪，锡耶纳，意大利

大教堂体积庞大，上部分为两层，用建于 15 世纪的檐口隔开，檐口上刻着教皇的肖像。一系列连续的圆形拱门以及宽大的窗户（天窗）使人印象深刻。教堂内部黑白两色的大理石饰面突出并增强了光影效果，使内殿显得生气勃勃。

费德里科二世的城堡

13世纪时，在施瓦本家族的费德里科二世（1220—1250年）的推动下，意大利南部兴起了修建住宅和军事建筑的热潮，一方面为了巩固皇帝在其领土上的地位，另一方面为了建立一个坚固的防御体系，以彰显军事力量和帝国辉煌。在意大利南部和西西里，最初的建筑参考了东方的模式，如拜占庭式和阿拉伯式，从建筑语言上遵循了罗曼传统。然而从13世纪20年代末期开始，可能是从骑士会建筑中吸取了相关经验，西多会开始使用方形建筑模式，由此将哥特式建筑形式带到这片土地，尤其体现在建筑装饰细节上，如柱头、窗洞和拱顶。费德里科二世的城堡模型起源于12世纪到13世纪，是西方要塞科学的实验基地。费德里科建筑语言的另一要素是古典主义，体现在罗曼砌墙技术（砌琢石墙面）的使用、收藏主义和重新使用古老建筑材料上。古典语言的使用是确立皇权思想的一种明确的政治手段。

左图

玛尼阿瑟城堡，1232—1240年，锡拉库扎，意大利

城堡位于西西里岛的一端，由费德里科二世下令修建，平面图呈完美的正方形，四角有圆柱形的塔楼，其简朴和理性的形式体现了皇帝的个人品位。城堡由熔岩石、石灰石和砂岩构成，最初只能通过一座吊桥进入，四周的城壕令其无法攻破。虽然1693年的地震给它带来了一些损坏，但13世纪建造的外部结构仍然完好无损。

上图

蒙特堡，1240年前后，安德里亚，巴里，意大利

蒙特堡特殊的形态是贵德里科艺术文化经验的结晶，其复杂的建造技术与清晰的几何结构形成了有趣的对立。蒙特堡将西多会式哥特转化为优雅古典的城堡式哥特，它贡献的几何模型——八角形不仅有极强的象征意义，还与大教堂的布道坛以及城市广场上的喷泉池造型不谋而合。八角形还代表着宇宙的平衡、风向玫瑰以及天地的融合。建筑内部也遵循着精确的数值关系。拥有军事建筑、狩猎行宫和天文观象台（其计算的精确性可以在冬至或夏至日得到验证）等诸多身份的蒙特堡带有内部庭院，建筑由上下两层叠加组成，每一层都分为同等大小的八片区域，顶部是八角塔楼。

中世纪之秋

火焰式哥特作为法国哥特的变种在15世纪有了固定形式，主要特点在于其丰富的技术和装饰性元素，在结构上没有明显的创新。从鲁昂大教堂（1370年起）外立面的上半部已经可以清楚地看到这种装饰特征，即通过起伏的曲线和弧度模仿火焰的形态。火焰式哥特放弃了对不同构件线性主义的追求（哥特式建筑主要阶段的重要原则），强调对植物造型的模仿，与同时期法国艺术作品中的自然主义元素相呼应。在火焰式哥特元素得到充分表达的那些大教堂外立面上，建筑师们放肆地使用山墙、弯曲的轮廓线和壁龛营造出一种自由的韵律感，使得人们从不同视角可以感受到不同的平面效果。火焰式哥特建筑由此成为一片移动的视觉风景，竭尽所能地展示丰富而梦幻的装饰主题。在建筑内部，建筑师倾向于为肋架、拱顶和支柱的连接设计新颖有趣的解决方案，在平面结构和建筑类型上的创新热情有所减弱。火焰式哥特对自由形态和惊艳效果的追求影响了不同的区域和建筑作品，被当时的宫廷建筑和教会高层建筑广泛采用。

99页图
克吕尼博物馆，1485—1498年，巴黎，法国

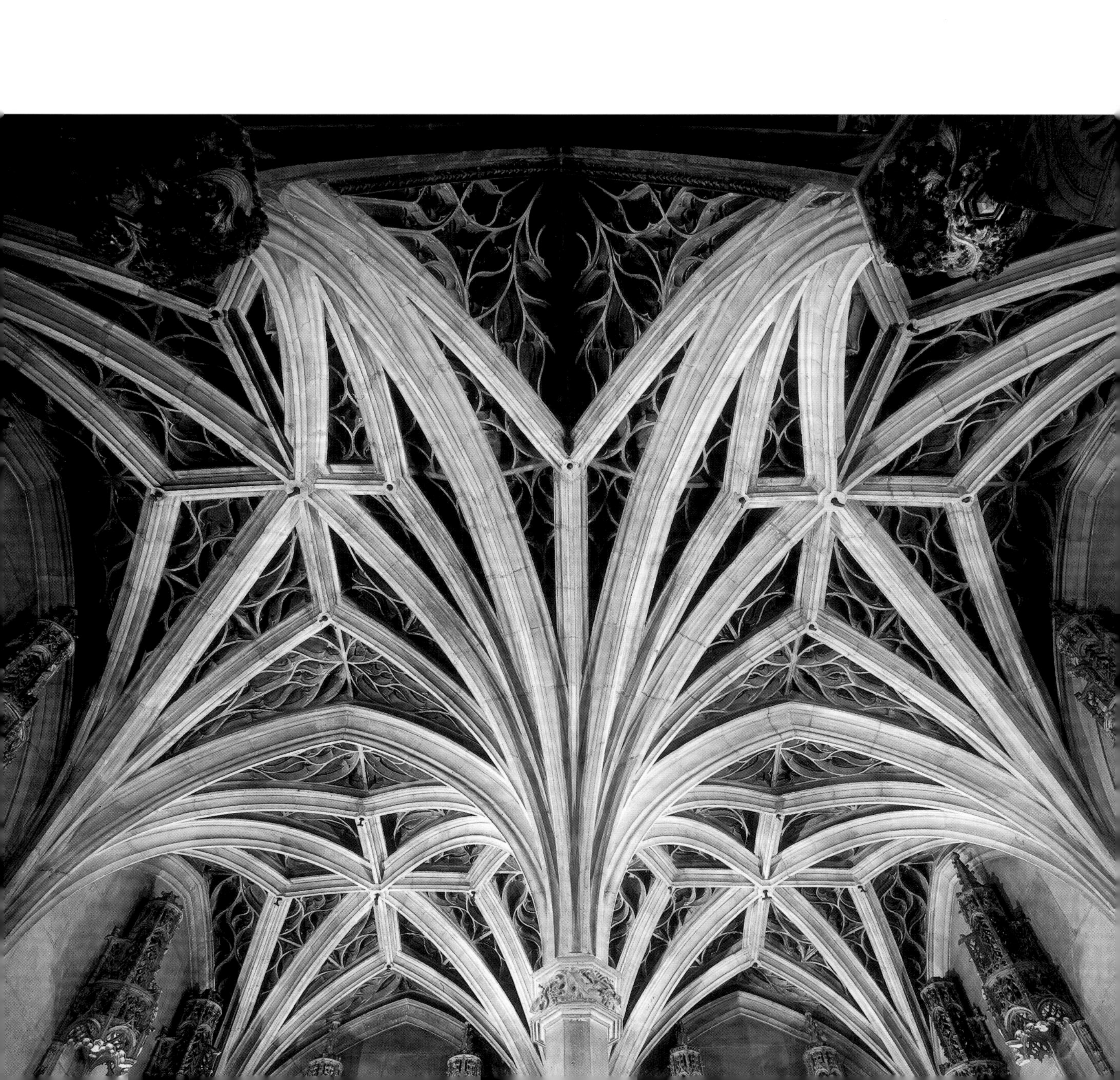

从 15 世纪开始，欧洲部分地区进入了中世纪建筑的最后阶段，这个阶段贯穿整个 15 世纪，一直延续到 16 世纪前几十年，而此时文艺复兴的浪潮已经席卷了整个意大利。在不列颠地区，由于经济危机和政局动荡，约克王朝试图从建筑上精心塑造一个伟大的王国形象。15 世纪的英国建筑仍然对装饰性构件保持了传统的兴趣，在形式和功能上特别注重其仪式性。同时期德国最有趣的建筑形式是灰泥制的蜗状拱，有着尖锐的轮廓（尖角风格），建筑表面为镂空状，看上去仿佛折纸或木雕艺术。在意大利，由于社会、政

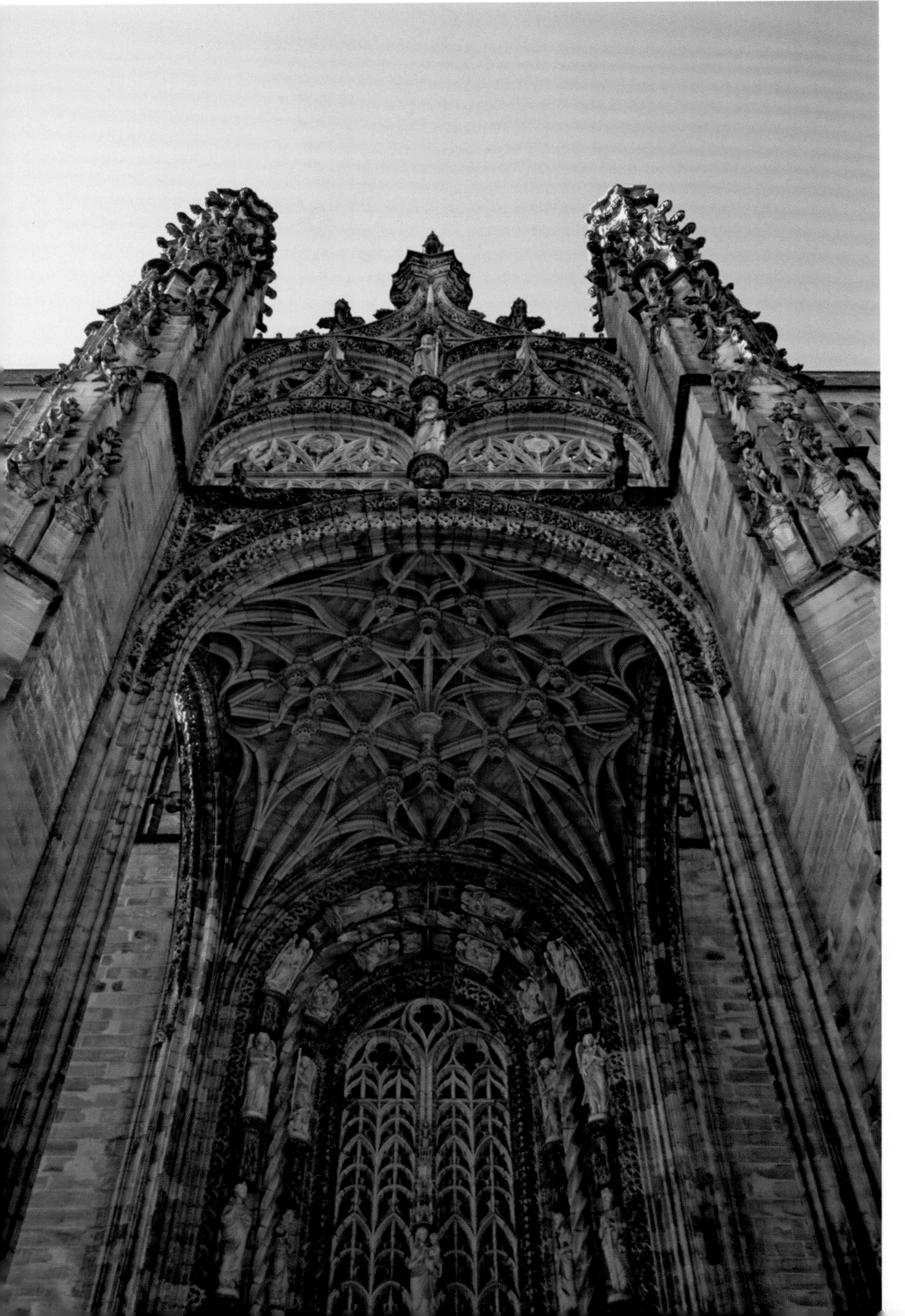

左图

阿尔比大教堂华盖，1520—1535年，法国

阿尔比大教堂右侧入口处的门廊装饰有石质花边，又被称为“华盖”。华盖被烦冗的尖塔、尖顶和花序装饰包围，带有一个异常华丽的火焰纹拱顶，肋架由数量众多的弧形组成。

101页左图

阿尔布莱希特城堡大楼梯，1471年起，迈森，德国

螺旋形楼梯对空间的扭曲传递到了所有的建筑元素上：棱形柱被分割成一段一段，与拱顶相汇。为了增强建筑的木雕感，建筑师在拱顶处使用了异形肋架，并将灰泥层打造出尖锐的折叠效果。由于首次综合运用了不同的几何形态构件，作品极富动感和想象力，体现出令人惊叹的空间价值。

治、领土和文化背景上的深刻差异，人们开始重新思索和探寻古典主义的主题和形式，这种探索直接导致了文艺复兴，引发了对哥特负面价值的思考。神圣罗马帝国地区的晚期哥特式建筑在波西米亚揭开了新的一页，帕尔勒家族的诗意中蕴含的静态、空间和装饰潜力由15世纪末16世纪初的建筑大师贝尼迪克特·里德进一步发展。1483年，乌拉斯洛二世下令开启了布拉格城堡的重建工程，希望在突出城堡象征性的同时确保其舒适性。里德被任命为宫廷建筑师并在此完成了他最重要的作品，即宏伟的乌拉斯洛大厅。

右图

贝尼迪克特·里德，乌拉斯洛大厅，1493—1515年，城堡区，布拉格，捷克

这是该时期中部欧洲最宽广的大厅，拱顶中间没有任何支撑，肋架以流畅的方式交织在一起。蜿蜒的线条隐藏了拱顶表面实际的几何构造，使得它们在建筑总体结构和装饰中的作用难以辨别。

102—103页图

格洛斯特大教堂外部雕饰，英国

布拉格：皇城的建立

1349 年，来自卢森堡家族的查理四世成为神圣罗马帝国的皇帝，并将皇宫所在地定在布拉格。这座城市早已在 1344 年被教皇克莱门特六世选为主教驻地。随着查理四世的登基和统治的开始，作为帝国首都的布拉格逐渐成为极其重要的文化艺术中心，并拥有了至今仍然独具特色的风貌。中欧的第一所大学及举足轻重的卡洛莱姆学院（1348 年起）在这里建成，其他重要的工地也纷纷开工，其中最引人注目的是位于城市高处城堡区内的圣维特大教堂。查理四世对于首都全新的政治和城市规划改变了伏尔塔瓦河的作用，这里以前是城市两极的分界线，就像其他城市用河流将皇室所在地和资产阶级聚居地分隔开来一样。原有社会分层的改变和新一极的崛起（城堡脚下的布拉格小城区，连接皇宫和河对岸资产阶级聚居区的区域，中心为老城广场上哥特风格的市政厅和提恩教堂）将布拉格分为三部分，将这三部分连接起来的需要催生了一座坚固宽阔的石桥——查理大桥。

左图

卡尔斯坦城堡，1348—1357年，布拉格，捷克

这座宏伟的城堡由阿拉斯·迪·马修与彼得·帕尔勒两位建筑大师修建，距离布拉格有几千米的距离。城堡是查理四世最钟爱的住所，是其退位后的行宫和收纳皇家珠宝之地，三座庞大的矩形塔楼傲然耸立在悬崖顶端的山丘之上，象征着它高高在上的权力。19 世纪城堡的局部进行过重建。

104页右图

市政厅天文钟，1410年，布拉格，捷克

机械钟的出现是布拉格城市地位的标志，因为它不仅需要最初的经济投入，还有后期高昂的维护费用。

天文钟安装在老城广场（老城区）市政厅的外立面上，由两个表盘组成：下方的表盘标志着黄道十二宫和每月相关的农业活动，上方的表盘由蓝（白天）、棕（黄昏）、黑（夜晚）三色组成，指针上有太阳、月亮和星星的标志。每到整点，耶稣的十二信徒将会依序现身，表盘旁的寓言形象也会复活。上方雄鸡的振翅鸣啼宣告着报时表演的结束。

上图

彼得·帕尔勒，查理大桥，1357年，布拉格，捷克

作为公共建筑的杰出作品，查理大桥架于16座由桥拱相连的桥墩之上，略显蜿蜒之态；桥头入口处有两座塔楼。依据当时的城市生活习惯，大桥成为布拉格的核心和标志，集社交、贸易、司法和城市中轴线功能于一身。在举行重要仪式时，这里是皇家游行队伍的汇集之地。

杰出作品

圣维特大教堂

1344年，全新的圣维特大教堂在布拉格开工修建，由法国建筑师阿拉斯·迪·马修主持。他设计的教堂后殿、带回廊的歌坛和辐射式礼拜堂均采用了传统的建筑形式。教堂质的飞跃发生在1352年，阿拉斯·迪·马修去世，时年23岁的彼得·帕尔勒接手了教堂的修建工作，他按照自己的想法改变了已经建好的东部区域，使得教堂成为欧洲哥特式建筑新形式的首个清晰范例。他在建筑图纸上对圣器收藏室和瓦茨拉夫礼拜堂的连接进行了改变，在教堂的各个部分创造性地采用了星形和三角形构图的拱顶体系，并加入了飞拱（悬空肋）和有支撑的半拱。这一系列的形式选择被评论家们一致认为是向英国传统致敬。在墙壁上也采用了革新式处理，将原先的设计改头换面，强调围绕各种微小建筑元素的几何框架。倾斜表面的运用使得空间有了起伏效果，玻璃窗成为教堂整体连续性的主角，各部分的相互关联标准愈加复杂。

107页图

通廊和天窗细节，圣维特大教堂，1374—1385年，布拉格，捷克

在1374—1385年，彼得·帕尔勒致力于通廊和天窗的修建。通廊在立柱前设有雕花栏杆，倾斜的间隔壁将后方的窗户层与前方连接在一起，与上方的天窗层一样，通廊的主角也是玻璃窗。

左图

圣维特大教堂后殿外观，1344—1352年，布拉格，捷克

阿拉斯·迪·马修设计了圣维特大教堂歌坛的图纸并完成了回廊和礼拜堂的部分修建工作。彼得·帕尔勒随后进行的工作（扶壁和天窗）使之成为同时期建筑中革命性的作品。礼拜堂之间的扶壁上尖塔的延长给教堂带来了更为强烈的垂直效果，它们穿过屋檐构成了花冠的形状。

C.TIROLIS
C.CIBVRG
C.CORITIÆ
C.CILIÆ
C.FLANDRIÆ

建筑师的朝代：帕尔勒家族

在中世纪，帕尔勒一词指的是在建筑工地上建筑师缺席的情况下将其设计付诸实施的专业人员。到 14 世纪，帕尔勒成了一个姓氏，帕尔勒家族成为该世纪最有名望的建筑师家族之一，中东欧建筑的大部分创新都与这个家族密切相关。根据可靠记载，帕尔勒家族的祖先是“老者”海因里希一世，他在科隆大教堂工地上成长，随后移居到施瓦本格明德进行圣十字教堂内殿的修建，此举开创了新的建筑类型并深刻影响了随后奥地利和德国建筑的发展。他的儿子彼得（1330 年生）是欧洲晚期哥特的重要人物。彼得在父亲的建筑工地上长大，在担任布拉格大教堂的建筑师之前曾在斯特拉斯堡、科隆和纽伦堡工作。彼得有两个儿子：文策尔在 1400—1404 年被任命为维也纳大教堂的建筑师，约翰四世与建筑师雅各布一起成为波西米亚库特纳霍拉歌坛的建造者。家族的另一位成员海因里希三世在 1392 年米兰大教堂的工地上证明了自己。虽然帕尔勒家族的所有成员都出现在了当时最重要的建筑

109页左图

圣十字教堂歌坛，1351年起，施瓦本格明德，德国

圣十字教堂象征着德国晚期哥特的开始和对法国辐射式哥特的彻底超越。内殿和歌坛之间不同的肋架系统（内殿拱顶采用的是星形和菱形的肋架，歌坛采用的是密集的小型菱形肋架）使其看上去似乎有着不同的文化起源并出自不同的建筑师之手。可以确定的是歌坛是海因里希·帕尔勒的作品，而内殿是他儿子彼得的作品。

左图

彼得·帕尔勒半身雕像，圣维特大教堂，1370年前后，布拉格，捷克

中世纪建筑师崇高的地位可以从布拉格大教堂两位建筑师的半身雕像上窥见一斑：阿拉斯·迪·马修（1344—1352 年）和彼得·帕尔勒（1356—1399 年）的雕像与皇帝及其家族、布拉格大主教和教堂工地管理者的雕像放置在一起。彼得在设计上的独创性从一开始就表现在其拱顶肋架形态的自由上，而所有的形态都精确地符合几何规律（从彼得的服装上可以看到帕尔勒家族的标志正是一个角尺形的图案）。彼得从英国和德国北部的建筑中汲取灵感，与法国辐射式哥特彻底划清了界限。

工地里，其作品风格却不尽相同，只有少数共同的元素被称为“帕尔勒式的”。彼得和他的家族的直接和间接影响逐步扩展到波西米亚地区、德国—奥地利地区和蒂罗尔地区的各个中心城市，一直延伸到布拉班特和佛兰德。

在15世纪中叶德语区的晚期哥特式建筑中，帕尔勒家族的伟大革新仍然随处可见，创造性丝毫没有减退。新颖的拱顶构造为改变空间概念而设计，也达到了预期效果。得益于帕尔勒家族的实践，15世纪末期德语国家的建筑已经拥有了非常现代的形态，但随后的新教改革和意大利文艺复兴形态的缓慢渗入延缓了这一进程。随着改革的推进，宗教建筑的发展逐步放缓，意大利文艺复兴则带来了建筑形态上新的混乱和冲突。

上图

圣芭芭拉教堂，1388年起，库特纳霍拉，捷克

1388年，圣芭芭拉教堂在当地矿工行会委托下由雅各布·帕尔勒开始修建，于1512年由建筑师贝尼迪克特·里德完成。贝尼迪克特·里德对帕尔勒传统进行了革新，在教堂原有的五殿式底层上叠加了更为高耸的三殿式上层，整体采用了带有花式交叉肋架的统一拱顶系统。作为德国晚期哥特的杰出作品，教堂实现了多维多向的空间效果。

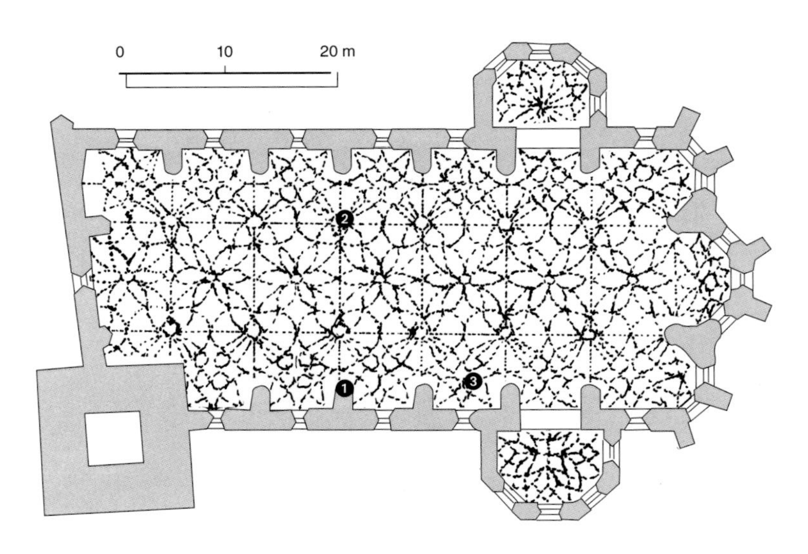

左二图

圣安娜教堂拱顶和平面图，1499—1525年，安娜贝格，德国

从圣安娜教堂的平面图上看，扶壁似乎被建在了教堂的内部（1），直接插入拱顶。肋架复杂的走向参考了贝尼迪克特·里德的乌拉斯洛大厅，是德国晚期哥特建筑师自由艺术表达的珍贵例证。仿木质的肋架外形纤细而突出，采用正弦曲线相交的原创图案；肋拱为向四面蜿蜒的花瓣造型（2），朝立柱的延伸暗示着植物的形态，在侧殿部分又变成结形和阿拉伯花叶图案（3）。

111页图

圣布拉休斯教堂北殿，1469—1474年，布伦瑞克，德国

帕尔勒风格建筑的足迹遍布德国全境：15世纪圣布拉休斯教堂的改建将原有的罗曼建筑形式全盘推翻，在北殿采用了现代的双重式，作为支撑的一系列圆柱被四根小柱呈螺旋状包围，形成了奇妙的视觉效果。

杰出作品

米兰大教堂

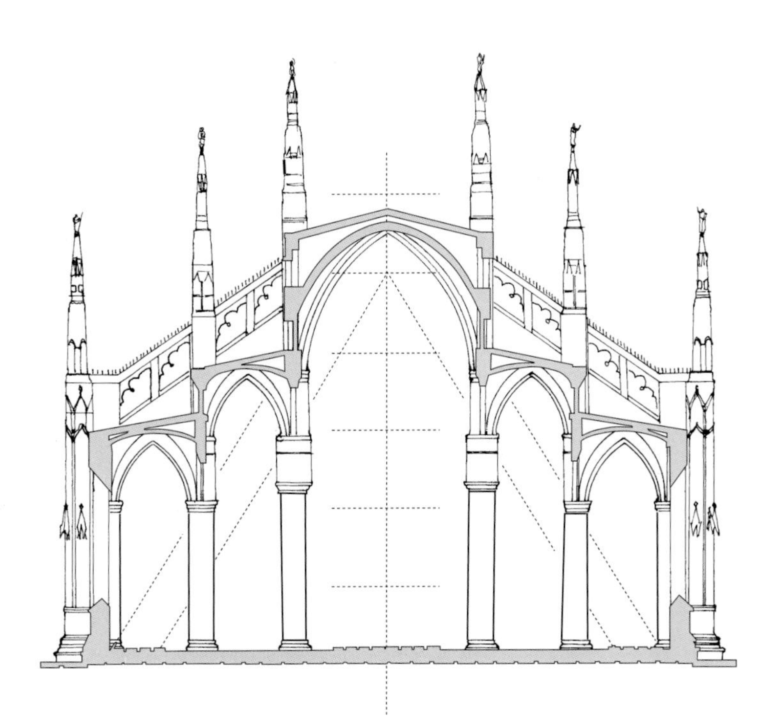

左图

米兰大教堂截面图

1391年，米兰大教堂的建设征询了皮亚琴察数学家加布里埃莱·斯托尔纳洛克以及各国建筑师的意见，从此可以看出几何知识对于当时建筑师知识构成的重要性。截面图突出显示了大教堂的比例，尽管在形式上属于法国哥特，比例上却仍然采用了传统大型比例，正殿和侧殿之间构成正三角形。

1387年，维斯孔蒂家族下令兴建米兰大教堂。通过对不同起源的建筑经验的对比与融合，人们试图寻找最适合的交叉甬道的设计方案，以便实现放置圣母雕像的高高的尖顶。为了解决建筑技术方面的问题，多位建筑师纷纷建言献策（从坎皮奥内的建筑师们到法国建筑师尼古拉斯·德·波内文图和吉恩·米格诺，再到德国建筑师海因里希·帕尔勒三世）。可能是由于维斯孔蒂家族想要从欧洲诸多统治家族中脱颖而出，米兰大教堂吸纳了不同国家建筑师的设计意见，有一种去本地化的复古感。具体说来，它吸收了14世纪最后几十年的国际经验，在不同的建筑流派中更倾向于法国和德国模式。在14世纪晚期意大利的建筑全景中，米兰大教堂的建筑模式完全从外国引进，建筑方案与该国其他建筑工地毫无关联。唯一的传统元素在于主殿和侧殿的高度比例。米兰大教堂原本可以减少对飞扶壁的使用，但它反其道而行之，采用了双拱和带尖塔与尖顶的双扶壁。这些元素以及外部的竖直扶壁、大型玻璃窗和众多的装饰雕塑均参考了法国的火焰式哥特风格。

113页图

米兰大教堂歌坛外观，1387年起

19世纪外立面和尖塔的建成标志着米兰大教堂建筑的竣工。大教堂的东部区域保持了其原始面貌：歌坛为多边形，玻璃窗上有历史故事题材的彩绘。

克拉科夫和波兰

13 世纪的波兰与神圣罗马帝国的联系并不紧密，与法国更是相去甚远。然而波兰哥特式建筑的数量仍不可小觑，因为其大部分城市，如克拉科夫，在这个世纪依照德国法律实施了变革并兴建了许多以西多会和勃艮第建筑为样本的建筑。

艺术史上认为宗教修会建筑在波兰哥特式建筑的形成中占据了非常重要的地位，这种作用从克拉科夫瓦维尔丘陵上的砖石教堂开始显现。瓦维尔丘陵俯瞰维斯瓦河，是克拉科夫的政治和宗教中心。克拉科夫的城市结构与布拉格十分相似：同样是王国的首都，大教堂位于皇宫围墙之内的丘陵之巅，并建造在庇护圣人（圣斯坦尼斯）的陵墓之上，同样拥有一所古老而重要的大学，克拉科夫学院于 1364 年由卡西米尔大帝创建。

下图

克拉科夫大教堂南侧，1333—1370 年左右，波兰

作为波兰国王的加冕地和陵墓所在地，1333—1370 年大教堂（罗曼时期建于瓦维尔丘陵之上）在卡西米尔大帝的旨意下经历了重要的修复。砖结构的建筑围绕着圣斯坦尼斯的陵墓，轮廓和装饰采用了石材。后期对外观的改造使得大教堂原有的形态黯然失色，其中最为突出的是用来存放国王和王后遗体的文艺复兴式的圣西吉斯蒙德礼拜堂（带有两个金色的圆顶）。外立面的两座塔楼是 16 世纪到 18 世纪的作品。

115页图

克拉科夫大学庭院，1492—1497 年，克拉科夫，波兰

古老的克拉科夫大学拥有欧洲现存不多的中世纪大学建筑，由建筑师约翰所建，极具原创性。大学围绕着一个带柱廊的庭院（阿尔卑斯山以北最古老的柱廊庭院之一）展开，上层有走道和明显突出的屋顶。部分细节，如雕刻有几何图案的立柱，让人联想到一些奥地利晚期哥特式的教堂。

右图

马尔堡城堡，1270年至15世纪，波兰

马尔堡城堡被认为是最大的欧洲哥特城堡之一，同时具备修道院、要塞和宫殿三重功能。马尔堡城堡坐落在诺加特河上，除了整体的防御性结构，主要由高堡和中堡两部分组成，高堡和中堡之间由桥梁相连。高堡被深深的护城河和不同的城墙包围，内部有教士会堂、圣母教堂和圣安娜礼拜堂，后者是陵墓。中堡设有大饭厅和医务室。

英国垂直式哥特

从爱德华三世时期（14 世纪 30 年代）开始，英国建筑向追寻新的空间特性上迈出了决定性的一步。在一个充满活力的社会架构内，资助者们更青睐优雅的造型，并希望运用一切手段提升自己的精英地位。大地主、教会高层和国家的财富增长使得教会和王国开始发起一系列的变革。垂直式或直线风格指的是一种墙面结构，建立在由纤细的竖直和水平构件组成的正交格状体系上，其他装饰性元素如密集的柱体、尖拱、玫瑰花窗、总状花序装饰、四叶图案等使墙面效果更加丰富。拱顶的造型、支撑以及二者之间的关系成为建筑师大展拳脚之地和新建筑形式的中心议题。从这个时期开始，在英国出现了梦幻般的非正统的原创建筑方案，这种方案对法国传统建筑方案提出了明确的争议，如玻璃墙面的倾角、飞拱和扇形拱。尽管这个时期的英国建筑作品只是对原有建筑的扩建和收尾，它的哥特形式却翻开了最具原创性和想象力的一页。垂直式哥特呼应了包括宗教建筑在内的各种建筑类型的需求，促进了各领域建筑活动之间有趣而激动人心的经验交流。

119页图

亨利·耶夫莱，坎特伯雷大教堂庭院，1380年左右，英国

坎特伯雷大教堂庭院体现了垂直式哥特的创新性：一系列漏斗状的扇形拱顺序排开，附加肋和丰富的浮雕装饰改变了古老的哥特拱顶的原貌。扇形拱是一种创新的静态结构，支柱上的肋架构成圆锥切面的形态。它将静态结构元素与装饰性元素放在同一层面上，象征着技术上的一大飞跃。

左图

威廉·拉姆西，格洛斯特大教堂歌坛，1337—1360年前后，英国

格洛斯特大教堂是新建筑时代首个也是最清晰的范例。建筑师威廉·拉姆西在装饰古老的歌坛时运用了垂直式哥特风格，实现了通透、脱俗、超现实和梦幻般的表现力。拱顶由枝肋组成的密网覆盖，中轴线部分由三条平行肋加以突出。

杰出作品

剑桥国王学院礼拜堂

在15世纪和16世纪，教会建筑的发展令人惊叹，世俗建筑的发展也毫不逊色。英国王室对于剑桥和牛津这两座大学城的兴趣表现在对大学及相关学院建筑的兴建上。作为伟大而具有挑战性的建筑，剑桥国王学院礼拜堂于1446年由建筑师雷金纳德·伊利开始修建，1508—1515年由建筑师约翰·瓦斯泰尔完成，可谓垂直式哥特的经典之作。它充分运用了宗教建筑在技术和形式上的经验，高墙完全被大型玻璃窗所取代，基座采用了镂空支架结构。纤细的柱体加强了建筑的垂直感，使得人们将目光聚焦在拱顶上。拱顶建于16世纪初，是运用扇形拱的纯英式拱顶的代表作。扇形拱在14世纪末期出现在格洛斯特和坎特伯雷大教堂中，之前一直被使用在较小的空间内，在这里达到了其技术和形式上的巅峰。在这样一个全欧洲独一无二的建筑中，窗洞甚至延伸到建筑的顶部。

上图

剑桥国王学院礼拜堂外观，1466年起，剑桥，英国

剑桥国王学院礼拜堂的外部呈清晰的长方形，形体上为拉长的平行六面体，这种城堡形的外观超越了建筑的功能需求。角楼也与英式城堡的角楼类似，装饰着带有大型窗洞的宏伟外立面。两侧由一系列密集的扶壁支撑，使墙壁可以脱离结构上的需要，被大型玻璃窗所代替。

121页图

剑桥国王学院礼拜堂拱顶，1508—1515年，剑桥，英国

无论从形式上的精致还是从技术上的难度来看，剑桥国王学院礼拜堂的扇形拱顶都堪称杰作。它没有采用传统的肋与面相互独立的形式，而是使用重量相当可观的石板凿出拱顶和肋的形态。

杰出作品

西敏寺，亨利七世礼拜堂

亨利七世礼拜堂是英国中世纪建筑及一系列皇家礼拜堂的收官之作。在亨利七世的授意下，原先的西敏寺圣母堂被替换为其皇家墓葬礼拜堂，规模可与真正的教堂相媲美。礼拜堂建于1503年至1519年之间，内部和外部的墙面被小块嵌板所覆盖。礼拜堂在建筑上的辉煌体现在它的拱顶上，是继剑桥国王学院礼拜堂拱顶之后的杰作。建筑师罗伯特和威廉·弗丘采用了悬垂状的扇形拱，特殊的曲线形态赋予拱顶极高的装饰价值。从整体上看，孤立的构件不复存在，内殿的横向拱消失在中部复杂的花饰背后，钟乳石状扇形装饰肋拱位于拱顶的正中央及对称的两侧。从大型玻璃窗透入的光线使复杂而丰富的装饰显得更加美轮美奂，建筑的艺术和象征价值与皇家礼仪的需求高度契合。亨利七世礼拜堂是英国中世纪建筑艺术的最后作品。

亨利七世礼拜堂建筑图纸（右图）及拱顶正视截面图（123页图），1503—1519年，西敏寺，伦敦，英国

亨利七世礼拜堂拱顶的建筑技术隐藏于外表之下，横向支撑在短短的一段之后消失，将推力卸在外部扶壁上。

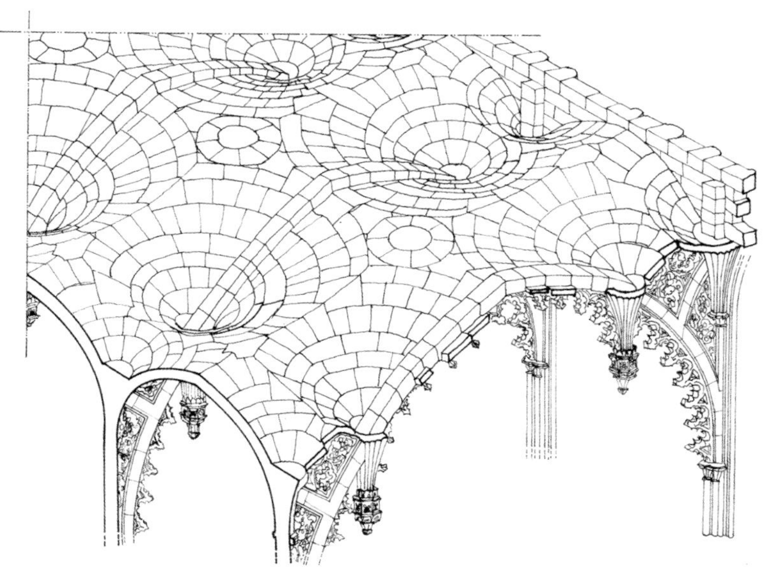

上图

亨利七世礼拜堂拱顶，1503—1519年，西敏寺，伦敦，英国

系统地使用扇形拱是英国晚期哥特式建筑的主题，这种形式已经在之前的建筑实践中试验过。通过与垂悬拱的结合，扇形拱变得更加精美，形成美妙的空间效果，让人联想到森林中的树木或是岩洞里的钟乳石。

佛兰德和布拉班特

在佛兰德和布拉班特地区，从 13 世纪末期开始，商业、制造业（特别是纺织和羊毛领域）、银行业以及艺术文化领域的国际交往的加速发展推动了城市生活的进步，由此带来了公共建筑领域的蓬勃发展。经济和政治寡头的诞生要求建立起与其财富相称的形象，因此从 14 世纪开始，新的资产阶级成为大型建筑建设的发起者，其建筑以精美的装饰和石材切割工艺而著称，建筑类型除城墙以外主要集中在大厅和市政厅上。大厅具备双重功能，既是存储货物的仓库，又是市民集会的场所；市政厅已经具备了现代市政厅的功能，是行政管理的中心。建筑的政治象征意义要求其外观从远处能够清晰可见，因此大厅、市政厅以及教堂的塔楼数量以几何数上升，它们功能相同，形态相似，都有四边形的底座和八角形塔顶。该地区的教堂，尤其是在边境地区，深受法国大教堂的影响，但外形更为简约。布拉班特的哥特教堂是 14、15 世纪欧洲哥特式建筑的变种，由于资产阶级是这些教区教堂和非主教教堂的资助者，使得这些教堂有意结合了法国和英国元素，但摒弃了无处不在的复杂拱顶。女修道院的修建是佛莱芒文化的显著特色之一，虔诚的未婚女子或寡妇在此许下清贫、贞洁和服从的誓言。这种修道院于 13 世纪末期在列日省出现，随后主要在佛兰德地区扩散

左图

贝居安会院，1240年左右，根特，比利时

作为古老的东佛兰德郡的首都和长期与布鲁日竞争的重要的制造业中心，根特拥有三座贝居安会院（修女院），分别为老圣伊丽莎白修女院和新圣伊丽莎白修女院以及圣母院。

右图

圣马丁大教堂塔楼，1254—1517年，乌得勒支，荷兰

佛兰德和布拉班特的教堂同样具有城市功能，这就解释了其外立面塔楼的“摩天大楼”般的尺寸。塔楼是城市及市民的象征，也承担了瞭望塔的作用。乌得勒支圣马丁大教堂塔楼是荷兰众多城市塔楼的原型。单塔高达 112 米，与大教堂的高度相比显得突兀，在围绕凡·艾克的神秘羊羔崇拜展开的天堂景象中，塔楼出现在了中心位置，给当时的人们带来了极其震撼的感受。

开来。

贝居安女修道院出现在13世纪，当时贵族妇女（不屑于与社会阶层低下的男人结婚）聚集在城市郊区的小型区域，这里有自己的教区教堂、神父和墓地。这片区域被高墙环绕，由一道大门进入贝居安会院，大门夜晚关闭。男、女修道院受到教会排挤，被指控为对《圣经》的解读过于自由、用通俗语言诵读《圣经》和忽视圣礼，先是遭到宗教裁判所迫害，而后在1311年被维也纳主教会议宣判为异端。从那时起，贝居安会院逐步衰落，沦为废墟，最终几乎完全消失。

上图

根特景象，比利时

作为东佛兰德的首都，经济繁荣和频繁的商业来往给根特带来了人口的持续增长。为了适应与达默的港口进行水上交通的新需求，根特的城市地基得到加高。横跨河流的桥梁两侧是建于珍贵的图尔奈蓝石之上的晚期哥特式建筑，桥梁通往圣尼古拉大教堂，其雄伟的十字形塔楼使其赫然屹立于一片低矮的房屋之上。教堂外立面的大型玻璃窗似乎是采用了英国模式。

布鲁日

布鲁日城的经济寡头控制着整个欧洲羊毛织物的生产和出口，其辉煌的建筑清晰体现了他们的公民自豪感和不受制于邻近欧洲霸权（法兰西王国和神圣罗马帝国）的独立性。

整个老城区被曾用来运输货物的运河环绕，其保存良好的中世纪面貌主要集中在两片核心区域：集市广场和城堡广场，后者是市政厅和圣血教堂的所在地。14 世纪的市政厅是 15、16 世纪根特、阿拉斯和布鲁塞尔所兴建的所有市政厅的原型和范本。

不远处庞大的大厅是独立的四边形建筑，其外立面的中部是高耸的钟楼，1280 年在一场大火中被烧毁，13 世纪末开始彻底重建。佛莱芒地区的钟楼有着双重功能：一方面是市民荣耀和城市权力的象征（在高度上登峰造极以至于从周围平坦的区域能一眼看到），另一方面是存放佛莱芒自由城市的解放文件之处。

上图

贝安居会院，1230年左右，布鲁日，比利时

布鲁日的贝安居会院是保存至今的最重要的一所，也是同时期佛兰德地区住宅的范本。

当地的民宅建立在狭长建筑用地之上，前后两面墙体平行，为砖结构。屋顶为“人”字形。

左图

圣约翰教会医院，布鲁日，比利时

除了市政厅、大厅等著名的公共建筑之外，在古老的低地国家还有很多医院和慈善基金会。圣约翰教会医院的后部朝向运河，外立面的雕像与附近的圣母院教堂的圣母崇拜密切相关。

上图

市政厅，1377—1387年，布鲁日，比利时

市政厅是佛莱芒地区最早的火焰式哥特建筑之一，其特点在于格外注重装饰性元素，以及为了强调垂直效果在十字窗上方叠加使用矛形高窗。建筑外墙装饰丰富，从门框到屋顶的装饰性城垛，从带有细长尖顶的角楼到令人眼花缭乱的雕塑，可惜如今大部分已经损毁。

法国：豪华府邸

法国晚期哥特最具代表性的作品集中在宗教建筑领域，但是在私人和公共建筑上也不乏重要的创新作品。此时在法国出现了豪华府邸，这种建筑形式围绕庭院展开，庭院被高墙包围，通往庭院的大门具有典型特征。豪华府邸一般为双层石质结构，由复杂的建筑元素构成：屋顶上代表性的小塔、屋顶斜面上一系列的天窗、角楼、庭院角落超越屋顶的塔楼等，地位崇高的教士府邸还配有礼拜堂。建筑师并不追求线条上的规律性或者建筑整体的平衡性，而是偏好不对称的外立面，门设置的位置依据内部和外部环境的不同而不同。外立面通常装饰丰富，如门窗的边框和天窗的山墙。如今在巴黎还可以看到这种当时传播广泛的建筑类型的两处代表，均为当时宗教高层的住所：克吕尼府邸和桑斯府邸。

129页图

庭院，克吕尼府邸，1485—1498年，巴黎，法国

克吕尼府邸由修道院院长雅克·昂布瓦斯授意修建，是现存最古老的豪华府邸，即拥有庭院和花园的私人住所。府邸为两层结构，拥有石板屋顶和大型天窗，由主体和环抱庭院的两个侧翼组成。府邸的围墙上只有一扇大门（古老的车道）以及一个步行入口。府邸内部大厅的体积、入口方向和礼拜堂均保存了最初的设计。作为同名修道院历届院长的住所和该教派在巴黎的总部（客栈和代表处），克吕尼府邸以细节上的华丽而著称，包括十字窗、门上的装饰、带肋拱的柱廊、纤细的角柱、饰有怪物图案的排水管和奇幻的植物造型。

府邸角落的位置建有圆形塔，形态上参考了当时的防御型建筑。

左图

雅克·柯尔府邸壁炉，1443—1453年，布尔日，法国

位于首层的大厅展示了中世纪典礼场所的所有特征。壮观的中央壁炉依据文件记载和残留的碎片在百年战争后进行了重建。

加泰罗尼亚与阿拉贡

13世纪末期在阿拉贡王国（包括加泰罗尼亚和巴利阿里群岛）的领地上，西班牙哥特式建筑进入了下一个发展阶段。在南法进行类似建筑试验的同时，这片土地上的人们也开始倾向于广阔的、向四面扩展的建筑结构。新的建筑形式放弃了空间的更替和卡斯蒂利亚大教堂那种清晰的跨度区分，不再追求墙面材料的一致性，对实际和形式上的承重结构也并不在意。比利牛斯山脉两侧是这种建筑最如火如荼的试验基地，进行了众多形式和技术上的重要创新（为马略卡岛上的重要教堂提供了经验），同时保留了当地的罗曼传统和清修教派的建筑元素。与此同时，13—14世纪修道院成为教会的重要组成部分，建筑师在装饰门廊拱门的华丽镂空上将自己的想象力发挥到极致，同时融合了传统的摩尔式建筑元素。

海上贸易的繁荣推动了加泰罗尼亚和巴利阿里群岛艺术的蓬勃发展，也促进了王国的经济文化发展以及西班牙和意大利之间人员和思想的交流。在加泰罗尼亚城市中商人阶层承担了最重要的艺术资助者的角色。

尽管加泰罗尼亚—阿拉贡文化表面上属于欧洲哥特文化的范围，但实际与欧洲哥特文化有着很大差别，无论是从对传统罗曼语言的坚持、对同时期哥

131页图

博伦古尔·德·蒙塔格，拉莫·德斯珀格，居莲·梅特吉，海洋圣母教堂歌坛和轴测图，1328—1383**年，巴塞罗那，西班牙**

作为教区教堂，海洋圣母教堂在船主和商人的授意下兴建，用来与城市中的教堂相抗衡。教堂的平面和立面都呈规则的长方形，采用了大厅式教堂（各殿的高度几乎一致且不设耳堂）的开阔空间概念，由不影响整体通透的八角形纤细立柱支撑（1），拱顶呈十字形（2）。建筑师在侧殿的设计上采用了一系列礼拜堂围绕歌坛（3）的方式。各部分之间精确的数学比例进一步加强了空间的垂直感。

左图

古列尔莫·萨格雷拉，商品交易所外立面，1426—1446**年，马略卡岛帕尔马，西班牙**

商品交易所是加泰罗尼亚的一种特色建筑，是商人的会议厅和与海上活动有关的交易所。帕尔马商品交易所的外部为带有角楼的矩形建筑，处于临海的位置，与周围的空间融为一体。两排各六根螺旋状的柱体将内部大厅分隔开来，同时承担了拱顶的重力。

特元素的精心选择还是从与本土元素的结合上来看，都带来了完全不同的建筑效果。

14、15 世纪时这个地区对市民资产阶级建筑（包括在整个加泰罗尼亚范围内扩散开来的议会和市政厅、商业建筑和军火库）的重视具有重要意义，在这个领域，对新的建筑语言、题材和空间价值的追求得以施展，带来了很多具有独创性的作品。从这个意义上来说，加泰罗尼亚—阿拉贡地区与其他伊比利亚的中心逐渐区别开来，它的影响跳出了伊比利亚半岛，从巴利阿里群岛到西西里，从撒丁岛到那不勒斯，都可以看到这种影响的痕迹。

加泰罗尼亚建筑体积庞大，多使用横拱支撑的木质屋顶，避免使用飞扶壁，强调建筑的清晰和简洁。在建筑结构和建筑语言上朴实而优雅，将直线与曲线巧妙结合在一起。

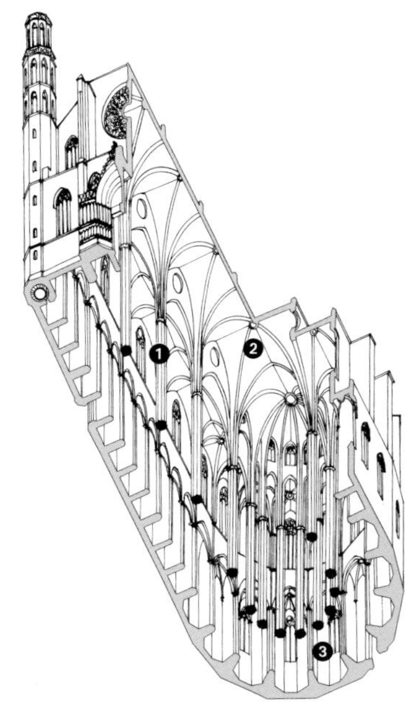

上图

马略卡岛帕尔马大教堂南侧，1300年起，西班牙

大教堂从1300年开始建造，东部完成于1327年，14世纪中叶重新开工，图纸方案变得更加宏伟。教堂南侧的静态建筑系统建立在垂直于中轴线的扶壁和双重飞扶壁基础上，用于分担墙壁的承重和拱顶的推力。侧面的礼拜堂用较小的第二重扶壁进行加固，上方的尖塔加强了垂直效果。下方密集的扶壁组成了一面巨大的石墙，扶壁之间的凹槽形成了清晰的明暗效果。

133页图

商品交易所内部，1380—1392年前后，巴塞罗那，西班牙

大厅呈长方形，屋顶由大型拱门支撑。由于它特殊的建筑价值以及对加泰罗尼亚—阿拉贡民用建筑众多形态特征的体现，巴塞罗那商品交易所被认为是加泰罗尼亚式哥特建筑的主要作品之一。

西班牙伊莎贝尔风格

15—16 世纪伊比利亚地区建筑作品的丰富多变，与这一时期深刻改变地中海地区的历史事件密切相关：卡斯蒂利亚和阿拉贡王国的合并形成了强大且幅员辽阔的国家，持续了多个世纪的收复失地运动明显加速，西班牙红衣主教罗德里戈·博尔吉亚登上教皇宝座，贸易路线的扩展政策以及 1492 年美洲大陆的地理大发现接踵而至。在这种背景下建筑创新层出不穷，虽然仍属于欧洲晚期哥特的范畴，但保留了许多当地的传统元素。在 15 世纪的西班牙城市中，大教堂如雨后春笋般涌现，其背后是政治、宗教以及领土方面的考量。15 世纪末期出现了伊莎贝尔风格，融合了火焰式哥特、穆德哈尔元素以及文艺复兴影响，被认为是晚期哥特的一种变体。伊莎贝尔风格作为宫廷产物，使用丰富而奢华的建筑语言以及纹章等装饰元素，鲜明表现了天主教国王在建筑文化上的政治与宗教特征。

135页图

胡安·瓜斯，圣胡安德洛斯雷耶斯修道院，1479—1480年左右，托莱多，西班牙

作为伊莎贝尔风格的代表性作品，圣胡安德洛斯雷耶斯修道院是为了纪念1476年天主教国王的胜利而修建的，同时承担着皇家陵墓的功能。修道院外形宏伟，柱体上有丰富的装饰，扶壁上有精细的镂空，上部通廊的拱门曲线优美。

左图

贝莱斯礼拜堂拱顶，1490—1507年，穆尔西亚大教堂，西班牙

15、16 世纪西班牙建筑的雄伟体现在大型的陵墓和还愿礼拜堂上。礼拜堂一般为中心对称构图，紧挨着大教堂。贝莱斯家族礼拜堂的平面图呈不规则的八角形，上方有星形拱顶。

左图

大学大门，1525年左右，萨拉曼卡，西班牙

在15—16世纪，西班牙西部的巴利亚多利德和萨拉曼卡兴起了修建教会和世俗大学建筑的风潮。萨拉曼卡大学的大门装饰奢华，体现了文艺复兴时期的人文主义思想，哥特形式与意大利元素及银匠装饰风格融合在一起。此作品在结构和内容上经常会被拿来与西班牙雄伟的祭坛相比较，其特点在于墙壁与装饰框架的统一，仿佛是在展出一件巨型展品。建筑本身成为背景，装饰墙壁仿佛一面旗帜，以寓言的方式展示了西班牙王室在维护信仰、推动科学和与恶习作战方面的功绩。

右图

贝壳宫，1512年，萨拉曼卡，西班牙

15到16世纪西班牙的民用建筑中出现了大量的奢华城市宫殿，如贝壳宫，其华丽的外部装饰将西班牙的穆斯林传统元素与晚期哥特典型的自然主义融合在一起。15世纪在萨拉曼卡流行银匠装饰风格，同时结合了晚期哥特的主题和自然界的古典图案。正是在这些元素的相互作用下，西班牙的装饰风格与几乎同时期的意大利“自然主义”装饰产生了某种联系，这些装饰包括人工的岩石和洞穴、真正的贝壳装饰、鹅卵石等。

胡安和罗德里戈·吉尔·德·霍塔诺，萨拉曼卡新大教堂外部（上图）和内殿拱顶（左图），1513年起，西班牙

建设萨拉曼卡新大教堂时，这座城市的人口已经发展到了顶峰并拥有了欧洲首屈一指的大学。与米兰大教堂的做法一样，当时最著名的建筑师被聚集到了这座城市，包括胡安·吉尔·德·霍塔诺和他的儿子罗德里戈（在1538年胡安去世后接替了他的位置）。胡安于1513年开始改建已经不再适应城市需要的老教堂，他从外立面着手，将北殿沿纵深切开，为每个侧殿增加了一排带扶壁的礼拜堂，营造出五殿式教堂、从中殿到侧殿高度递减的效果。罗德里戈完成了星形拱顶和外立面的最后工程，实现了晚期哥特式建筑语言的西班牙—弗拉门戈式转折，强调建筑的线条组成，赋予建筑雄壮的外观和迷人、清晰、宏伟的内饰。他同时还引入了栏杆柱、长方形和圆形窗以及银匠装饰风格元素。1588年，因为经济原因暂停的教堂工程重启，人们关于耳堂和后殿采用何种建筑形式展开了争论，最后哥特形式战胜了文艺复兴形式，这体现了对传统的执着。教堂内部的高度和侧殿的宽度给人庄严、和谐的印象。束柱几乎毫不停顿地指向精美的星形拱顶，建筑精细的装饰充分地展现了它的美丽。

葡萄牙曼努埃尔式建筑

卢西塔尼亚地区罗曼建筑向哥特式建筑的过渡开始得较晚，整个 14 世纪建筑活动节奏缓慢，直到约翰一世的登基带来了新气象，开启了被史学家称为“胡安式”的艺术时期。直至 15 世纪中叶，葡萄牙仍然遵循着欧洲晚期哥特的惯例，保持着尖拱和交叉拱顶的建筑传统。到 15 世纪末期，“幸运儿”曼努埃尔一世（1495—1521 年）登上葡萄牙王位，通过航海进行扩张。这一时期的葡萄牙建筑进入了新的历史阶段，新的特征逐渐成形，被称为“曼努埃尔式”。15—16 世纪的葡萄牙建筑在自然主义和航海风格（锚、结、绳索、六分仪、浑天仪等）的影响下形成了新的建筑语言。这种建筑语言既有欧洲血统又有海洋特性，反映了当时的航海发展、地理发现和经济扩张，成为葡萄牙地区的象征性元素。曼努埃尔风格以兼收并蓄而著称，通过对文艺复兴创新元素的充满想象力的借鉴和吸收，成为向文艺复兴风格转变的一个重要过渡阶段。

139页图

弗朗西斯科·德·阿鲁达，贝伦塔，1510—1520年，里斯本，葡萄牙

贝伦塔矗立在塔霍河的入海口，是晚期哥特“曼努埃尔式”建筑的代表作。塔身由切割石材建造，分为两部分：底部带露台的部分和上部的塔楼。贝伦塔汇集了典型的军事建筑元素（突出的角楼、开炮的孔洞、带城垛的巡逻步道）、16 世纪欧洲的新装饰形式、小型圆顶、纹章以及卢西塔尼亚地区典型的航海风格装饰。贝伦塔的象征意义大于战略作用。

左图

蒂亚戈·博依塔克，若昂·卡斯蒂尔霍，蒂亚戈·德·托尔巴，热罗尼姆斯修道院，1502年起，里斯本，葡萄牙

宏伟的修道院修建在里斯本大门——航海船队起锚的标志性位置，由国王曼努埃尔下令建筑师博依塔克修建，1517 年由若昂·卡斯蒂尔霍接手，1572 年由蒂亚戈·德·托尔巴完成。后两位建筑师给 16 世纪葡萄牙建筑语言带来了决定性的变革，通过引入文艺复兴元素，使葡萄牙建筑开始向已经蔓延整个欧洲的古典主义转变。建筑从体量上已不同寻常，但更具特色的是不同形态的建筑元素的运用，从动植物世界汲取的灵感，以及对自然主义和海洋风格的图案不懈追求。

杰出作品

巴塔利亚凯旋圣母马利亚修道院

多明我教派的凯旋圣母马利亚修道院由国王胡安一世为了纪念阿勒祖巴洛特战役（1385年）及随后迎来的葡萄牙独立而下令兴建。修道院由不同建筑风格的教堂和三个华丽的修道室组成，由建筑师阿方索·多明戈斯和于盖完成。高大的纵向主体和外部装饰细节采用了法国辐射式哥特的典型元素，带有附加肋的拱顶和外立面的横向走势则符合英式曲线式和垂直式哥特风格。从整体上看，凯旋圣母马利亚修道院不仅仅是葡萄牙最重要的建筑作品，也是该时期哥特艺术精神革新需求的最佳体现。值得一提的是该作品具有独一无二的建造前提：王室希望通过此建筑对外确定其政治合法性。修道院各部分的国际化表达象征了国王的政治纲领以及他与古老的君主国之间的关系。

141页图

阿方索·多明戈斯，凯旋圣母马利亚修道院御用修道室，16世纪末期，蒂亚戈·博依塔克镂空装饰，1500年左右，巴塔利亚，葡萄牙

御用修道室的特色是用曼努埃尔风格白色大理石装饰填充的尖拱，又被称为穿孔石装饰。

修道室的风格融合了曼努埃尔式建筑和15、16世纪盛行于葡萄牙的“海洋哥特”风格。

下图

于盖，凯旋圣母马利亚修道院西立面，15世纪，巴塔利亚，葡萄牙

修道院的西立面由很可能是来自英国的建筑师于盖完成。雄伟的大门和上方的火焰式窗洞周围有直线形的装饰，西立面两侧用复杂的飞扶壁来中和拱顶的推力。

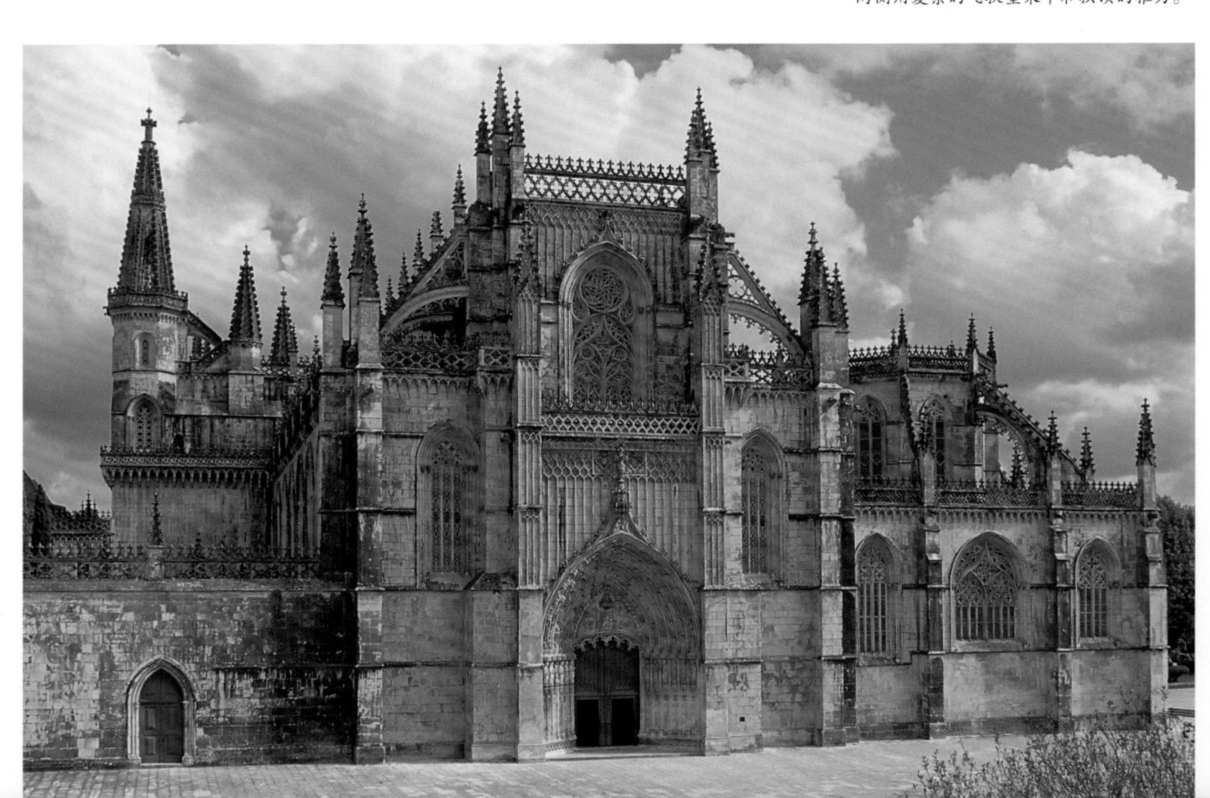

图片版权

Akg-images, Berlino: pp. 28, 32-33, 63 in alto, 76, 99, 101 a sinistra, 109 a destra; 23, 81 (A.F. Kersting); 6, 8, 9, 10, 12-13, 14 a destra, 24, 27, 29, 31, 34, 36 a sinistra, 37, 38, 40, 43, 45, 47, 48, 51, 52, 61, 62, 64, 65, 67, 68, 77, 78, 79, 80, 100, 104, 105, 108, 109 a sinistra, 111, 118, 119, 120, 121, 123 in alto, 124 a sinistra, 126, 127, 128, 131 in alto, 132, 134, 136, 137 in alto (Bildarchiv Monheim); 39 a sinistra, 116-117 (Bildarchiv Steffens); 114 (David Borland); 20 (Gilles Mermet); 60 a sinistra (Hedda Eld); 15, 49, 57, 106, 129, 138, 139, 140, 141 (Hervé Champollion); 66, 107 (Hilbich); 30 a sinistra (Jean-Paul Dumontier); 59 (Jost Schilgen); 74, 137 in basso (Paul M.R. Maeyaert); 39 a destra (Richard Boot); 7 (Roman von Götz); 54-55, 70, 75, 82, 97, 124 a destra, 125 (Schutze/Rodermann); 16, 58 a sinistra (Stefan Drechsel); 110 in alto (Werner Unfug)

Archivio Mondadori Electa, Milano: pp. 11, 14 a sinistra, 17, 25 in basso, 26, 36 a destra, 41, 42, 53, 56 a sinistra, 58 a destra, 63 in basso, 71 a destra, 86, 87, 90 in alto, 90 in basso a destra, 92 a sinistra, 110 in basso, 112, 122, 123 in basso, 131 in basso; 84, 91, 94, 95 (Arnaldo Vescovo); 19, 96 (Marco Ravenna)

BAMSphoto di Basilio Rodella, Montichiari (BS): p. 56 a destra

Cameraphoto Arte, Venezia: p. 92 a destra

© Corbis: pp. 130 (Andrea Jemolo); 93 (Angelo Hornak); 69 (Bertrand Rieger); 46 (Christophe Boisvieux); 135 (Juan Gras); 88 (Massimo Borchi); 72 (Patrick Ward); 133 (Peter Aprahamian); 71 a sinistra (Will Pryce/Thames&Udson/Arcaid)

Giorgio Deganello, Padova: p. 89

© Granataimages/Alamy: pp. 102-103

© Lessing/Contrasto: pp. 4, 30 a destra, 101 a destra, 109 a destra, 115

Rabatti&Domingie, Firenze: p. 50

Scala Group, Firenze: pp. 90 in basso a sinistra, 113 (2006)

The Bridgeman Art Library, Londra: p. 25 in alto

Rielaborazioni grafiche a cura di Marco Zanella.

L'editore è a disposizione degli aventi diritto per eventuali fonti iconografiche non identificate.